普通高等教育"十三五"规划教材

精品课程教材

遗传学实验

第二版

赵凤娟　姚志刚　主编

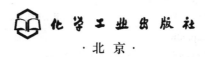
化学工业出版社

·北京·

图书在版编目（CIP）数据

遗传学实验/赵凤娟，姚志刚主编. —2 版. —北京：化学
工业出版社，2016.4 （2022.11重印）
ISBN 978-7-122-26367-4

Ⅰ.①遗…　Ⅱ.①赵…②姚…　Ⅲ.①遗传学-实验-教材
Ⅳ.①Q3-33

中国版本图书馆 CIP 数据核字（2016）第 036880 号

责任编辑：魏　巍　赵玉清　　　　　　装帧设计：关　飞
责任校对：吴　静

出版发行：化学工业出版社（北京市东城区青年湖南街 13 号　邮政编码 100011）
印　　装：三河市延风印装有限公司
710mm×1000mm　1/16　印张 9¾　字数 180 千字　2022 年 11 月北京第 2 版第 7 次印刷

购书咨询：010-64518888　　　　　售后服务：010-64518899
网　　址：http：//www.cip.com.cn
凡购买本书，如有缺损质量问题，本社销售中心负责调换。

定　　价：25.00 元　　　　　　　　　　　　版权所有　违者必究

《遗传学实验》（第二版）编写人员名单

主　　编　　赵凤娟　　姚志刚

副 主 编　　郭　彦　　张韩杰　　曾万勇　　刘雪红

编写人员　　（按姓氏拼音排序）

陈兆贵　　郭　彦　　刘雪红　　姚志刚

曾万勇　　张韩杰　　张伟伟　　赵凤娟

赵自国

前　言

伴随遗传学的高速发展，遗传实验技术日新月异。近年来也有多种新版本的遗传学实验教材出版，但定位于应用型人才培养的教材仍然较少。本教材的修订保留了第一版的特色，结合应用型本科院校培养应用型人才的办学特点，确定修订计划。

此次修订既保证基础，更注重应用，修订版在融入一些新的实验项目的基础上，结合教师课堂实践以及来自笔者和读者的意见反馈，注意对原有实验存在的疏漏之处的校正，同时，对实验编排进行了调整和优化，期望夯实遗传学实验基础框架的同时，加强应用性较强的遗传性状调查和统计分析的实验内容，并且适当增加了分子遗传相关的实验内容，增加了综合性和研究型实验的比重，总体内容设计符合现代遗传学实验技术发展趋势的同时，又充分考虑了应用型本科院校的实际教学情况和对于该门课程的开设要求。

本书修订人员及分工如下：滨州学院姚志刚（实验五、二十五、二十六、三十、三十四）、赵凤娟（实验八、十六、十七、十八、二十二、二十七、三十三）；聊城大学郭彦（实验六、十五、二十二、二十三、三十三）；滨州学院张韩杰（实验十二、十三、十四、三十一）；武汉轻工大学曾万勇（实验十一、二十三、二十四、二十八）；滨州学院刘雪红（实验三、四、十七、二十五）；惠州学院陈兆贵（实验九、二十一、三十二）；滨州学院张伟伟（实验十、十九、二十、附录）；赵自国（实验一、二、七、二十九）。全书由赵凤娟和姚志刚统稿。

本教材适合应用型本科院校生物科学、生物技术、生物工程、生态学、农学、生物化工、生物制药等专业学生使用；也可为生命科学、医学及环境科学相关专业本科学生提供参考。

限于笔者水平，书中难免仍有疏漏之处，敬请专家、同行不吝赐教，给予批评指正！

编　者
2016 年 1 月

第一版前言

　　遗传学是研究生物遗传和变异规律的科学，是生命科学各个分支学科中较为重要的基础学科，同时它也是一门实践性很强的学科，很多的遗传和变异现象及规律是从生产实践中发现和总结出来的。实验课是理论联系实际，培养和训练学生掌握科学思维方法、实事求是的科学态度与独立的科研动手能力的重要环节和手段。

　　目前国内已有多种版本的遗传学实验教材出版，如适合综合类、农业以及师范院校等需要的遗传学实验教材，但专门面向应用型本科院校生命科学相关专业学生的遗传学实验教材还比较缺乏，而应用型本科院校已成为中国高等教育的重要组成部分，其在推进高等教育大众化、多样化、地方化、应用性进程方面的作用正日益显现。因而由化学工业出版社发起，主要由在全国各类应用型本科院校从事遗传学教学工作的教师分工、协作编写了本书。

　　整个教材分为三部分：第一部分基础性实验，涵盖了经典遗传、细胞遗传、微生物遗传、数量和群体遗传、分子遗传等方面的内容，共 20 个实验；第二部分综合性实验，共 5 个实验；第三部分研究性实验，共 5 个实验。此外，本教材还附有实验室常用染色液和溶液的配制、常用培养基成分和卡方值分布表等，为教师和学生实验工作的开展提供必要的参考资料。

　　教材编写具体分工如下：实验一、二、七由徐州工程学院王陶老师编写；实验三、四、二十三由滨州学院刘雪红老师编写；实验五、八、十二、二十六由三峡大学郑美娟老师编写；实验六、十五、二十一由聊城大学郭彦老师编写；实验九、二十、二十九由惠州学院陈兆贵老师编写；实验十、十八、十九由滨州学院张伟伟老师编写；实验十一、二十二、二十五由武汉工业学院曾万勇老师编写；实验十三、十四、二十八由滨州学院张韩杰老师编写；实验十六、十七、二十四由滨州学院赵凤娟老师编写；实验二十七、三十由滨州学院姚志刚老师编写。

　　本教材既注重基础，更强调应用，将科学性、实用性、可行性统一起来，既能使教材生动活泼，又能突出学以致用的特点，适合生物科学、生物技术、生物工程、生态学、草业科学、生物化工、生物制药等本科专业学生使用。也可供其他生命科学相关专业学生参考。本教材在编写过程中还得到了滨州学院教材编写和出版基金项目的资助，在此表示感谢！

　　由于编者的经验和水平有限，书中的错漏和缺点在所难免，衷心期待读者的批评、指正。

编　者

2012 年 3 月

目　录

第一篇　基础性实验

一、经典遗传学实验

实验一 植物细胞有丝分裂及染色体行为的观察

【实验目的】

1. 学习和掌握植物根尖染色体玻片标本的制作方法。

2. 通过对植物细胞有丝分裂制片的观察，熟悉有丝分裂的全过程，着重了解分裂期中、后期染色体变化的特征。

【实验原理】

有丝分裂（mitosis）是真核生物细胞分裂的基本形式，也称间接分裂或核分裂。在这种分裂过程中出现由许多纺锤丝构成的纺锤体，染色质集缩成棒状的染色体。1882 年，W. Fleming 最先将此种分裂方式命名为有丝分裂。通过有丝分裂，作为遗传物质的脱氧核糖核酸（DNA）得以准确地在细胞世代间相传。通过有丝分裂和细胞分化才能实现组织发生和个体发育。有丝分裂是生物体细胞增殖的主要方式。它是一个连续过程，为研究方便起见，人们依据不同时期细胞核及其内部染色体的变化特征，划分为前期（prophase）、中期（metaphase）、后期（anaphase）、末期（telophase）。在细胞两次分裂之前还有一个间期（interphase）。有丝分裂全过程图解见图 1-1。

植物根尖有丝分裂旺盛，操作和鉴定方便，故一般采用根尖作为实验材料。现简要说明各个时期细胞核及染色体的变化特征。

1. 间期

为两次分裂之间的时期，这个时期的主要特征是细胞质均匀一致，细胞核在染料的作用下核质呈均匀致密状态，有明显的核仁，染色体细长呈丝状散布于核内，一般制片在低倍镜下不可见，良好制片在高倍油镜下可以观察到一些染色较深的细小颗粒。一般认为是染色线上染色质螺旋卷曲而成的染色粒。核与质之间有核膜分开。但核膜和核质在普通生物显微镜下不能明显区分。

2. 前期

这个时期又可分为以下三个时期。

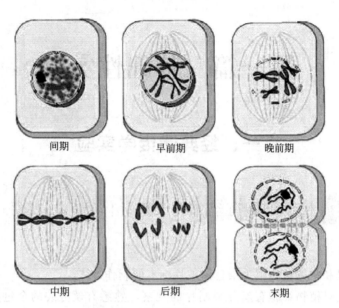

间期 早前期 晚前期

中期 后期 末期

图 1-1 植物细胞的有丝分裂

（1）早前期 染色质开始螺旋卷曲形成非常细的丝状，分布于核内，核仁清楚。

（2）中前期 染色体继续收缩，由于染色体周围基质不断增加，染色加深加粗，染色体呈连续的线状。此时染色体仍扭曲很长，并互相缠绕，故整个核内的染色体犹似一团搅乱的粗麻线，这时尚有核膜和核仁，但在普通生物显微镜下核膜一般不易见到，核仁隐约可见。

（3）晚前期 染色体进一步螺旋变粗变短，呈明显的双股性，即两条染色单体由一个着丝粒相连，可见端点，染色体渐趋中央赤道面处集结，但彼此仍然缠绕，核膜、核仁逐渐消失。

3. 中期

染色体的着丝粒均处于赤道面上，染色体的两臂向两侧自由伸展，纺锤丝与着丝粒相连形成纺锤体，着丝粒未分裂，纺锤丝在一般制片中看不到，良好的制片根据细胞质着色微粒的排列可隐约见到曳引丝状分布。着丝粒位置非常清楚，其形状是一条双股性连续的染色体突然在某个地方出现不着色的透明点，好像整个染色体分成两段。中期极面观染色体排列图像形似车轮辐条状，故此期通过特殊制片方法可观察染色体的个体性。

4. 后期

染色体的着丝粒分裂，两个染色单体互相排斥分开，并由纺锤丝的曳引逐渐移向两极。

5. 末期

以分开的两组染色体到达细胞的两极为末期的开始，然后染色体重新聚集起来平行排列，进行一系列与前期逆向的变化，染色体解螺旋化，染色体基质和鞘套（膜）消失；核仁、核膜再现，形成两个新的子核。细胞质随着核的形成不均等分裂最终形成两个新的细胞。

【实验材料】

洋葱（*Allium cepa*，2n＝16）根尖。

【实验器具及试剂】

1. 实验器具

冰箱、显微镜、水浴锅、剪刀、镊子、解剖针、载玻片、盖玻片、吸水纸、烧杯、试剂瓶、培养皿、滴管、标签等。

2. 实验试剂

无水乙醇、冰醋酸、卡诺氏固定液（无水乙醇：冰醋酸＝3：1）、0.002mol/L 8-羟基喹啉水溶液（或饱和对二氯苯水溶液，或饱和α-溴萘水溶液）、0.075mol/L KCl 溶液、0.1mol/L 的醋酸钠、1mol/L 盐酸、2.5％纤维素酶和 2.0％果胶酶水溶液、改良苯酚品红（配方参见附录 A）等。

【实验方法及步骤】

1. 根尖培养：先剪去洋葱的老根，然后将其鳞茎置于盛有水的烧杯上培养，当不定根长出 1.5～3.0cm 时，剪下备用。

2. 预处理：用 0.002mol/L 8-羟基喹啉水溶液18℃处理 1～1.5h。

3. 前低渗：吸去预处理液，加入 0.075mol/L KCl 溶液或水，低渗处理 10～30min。

4. 固定：将预处理后的根尖放入卡诺氏固定液，固定 2～24h 后，转入 70％乙醇溶液，于冰箱中冷藏，但保存时间最好不超过 2 个月。

5. 解离：主要有酸解和酶解两种方法。

（1）酸解：将根尖从固定液中取出，用蒸馏水漂洗，然后放入已经在 60℃水浴中预热的 1mol/L 盐酸中，在 60℃恒温下解离 10～15min，当根尖透明呈米黄色时取出，用蒸馏水冲洗 2～3 次。

（2）酶解：从固定液中取出根尖，放在 0.1mol/L 的醋酸钠中漂洗，用刀片切除根冠及延长区，把根尖分生组织放到中漂洗过的根尖加入 2.5％纤维素酶和 2.0％果胶酶水溶液，在 37℃下酶解处理 70～120min，此时组织已被酶液浸透而呈淡褐色，质地柔软而仍可也用镊子夹起，用滴管将酶液吸掉，再滴上 0.1mol/L 的醋酸钠，使组织中的酶液渐渐渗出，再放入 45％乙酸。

6. 后低渗：将解离后的根尖用蒸馏水冲洗 2～3 次，在水中停留 30min 以上，即可直接用于制片。低渗后的根尖也可换入固定液保存。

7. 染色与压片：取处理好的根尖 2～3 个置于载玻片中央，用吸水纸吸去多余的保存液，用镊子将根尖敲碎至浆状，加一小滴改良品红染液，约 2～5min

后加盖玻片。将吸水纸放在盖玻片上，用拇指轻轻在吸水纸上对根尖部位用力，使材料分散均匀。

8. 镜检：低倍镜下观察，选择细胞分散、分裂相较多以及染色体形态舒展的制片进行观察，选出典型细胞，再于高倍镜下观察。仔细观察细胞有丝分裂各时期染色体的形态并描绘下来。

【作业及思考题】

1. 制备分散良好的染色体制片。

2. 观察并绘出你所看到的细胞有丝分裂各个时期的典型图像（图 1-2），并简要说明各时期染色体的行为和变化。

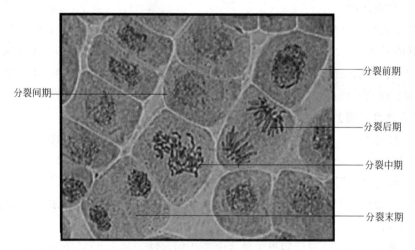

图 1-2　洋葱根尖有丝分裂不同时期的细胞学特征

3. 在高倍镜下观察统计 5 个视野内的分裂相细胞填入下表。

视野	间期	前期	中期	后期	末期	合计
1						
2						
3						
4						
5						
合计 占观察总数的%						

观察中所见何种分裂相细胞最少？为什么？

【参考文献】

[1] 龚明慧. 利用蚕豆根观察植物有丝分裂 [J]. 生物学通报，2009，44 (9)：34.

[2] 龚明慧. 一种洋葱快速生根的方法 [J]. 生物学通报，2006，41 (3)：6.

[3] 阮竞强. 观察植物细胞有丝分裂实验的改进 [J]. 生物学通报，2007，42 (1)：54.

[4] 穆平，乔利仙. 遗传学实验教程 [M]. 北京：高等教育出版社，2010.

[5] 王小利，张改生. 植物分子细胞遗传学实验［M］. 长沙：上海科学技术出版社，2010.
[6] 杨大翔. 遗传学实验［M］. 北京：科学出版社，2004.

实验二 植物细胞减数分裂及染色体行为的观察

【实验目的】

1. 了解高等植物配子形成过程中减数分裂的细胞学特征，重点掌握染色体在其中的动态变化过程。

2. 学习并掌握植物减数分裂染色体玻片标本的制作方法和技术。

【实验原理】

减数分裂（meiosis）是生物在性细胞成熟时配子形成过程中发生的一种特殊的有丝分裂。它包括连续的两次细胞分裂阶段：第一次分裂为染色体数目的减数分裂；第二次分裂为染色体数目的等数分裂。两次分裂可根据染色体变化的特点分为：前、中、后、末期，由于第一次分裂的前期较长，染色体变化比较复杂，故其前期又可分为五个时期。在减数分裂的整个过程中，同源染色体之间发生联会、交换、分离，非同源染色体之间进行自由组合。最终分裂为染色体数目减半的四个子细胞，从而发育为雌性或雄性配子（n）。雌雄配子通过受精又结合成为合子，发育为新的个体，这样又恢复了原有的染色体数目（2n）。由于不同雌雄配子染色体的重新组合，产生了大量的遗传变异，有利于生物的适应和进化。减数分裂全过程模式图见图 2-1。

减数分裂各时期染色体变化的特征简述如下。

1. 第一次分裂

（1）前期Ⅰ：可分为以下五个时期。

① 细线期：核内染色体呈细长线状，互相缠绕，难以辨别成双的染色体。

② 偶线期：同源染色体相互纵向靠拢配对，称为联会。这样联会了的一对同源染色体，称为二价体。偶线期表现这一特征的时间很短，一般难以观察到。

③ 粗线期：配对后的染色体逐渐缩短变粗，含有两条姐妹染色单体，这样一个二价体包含了四条染色单体，故又称为四合体。在此期间各同源染色体的非姐妹染色单体间可能发生片段交换。

④ 双线期：各对同源染色体开始分开，由于在粗线期非姐妹染色单体之间发生了交换，因而同源染色体在一定区段间出现交叉，此期可清楚地观察到交叉现象。

⑤ 终变期：染色体更为浓缩粗短，交叉向二价体的两端移动，核仁和核膜开始消失。此时各二价体分散在核内，适于染色体数目的计数。

（2）中期Ⅰ：核仁和核膜消失，所有二价体排列在赤道板两侧，细胞质中出

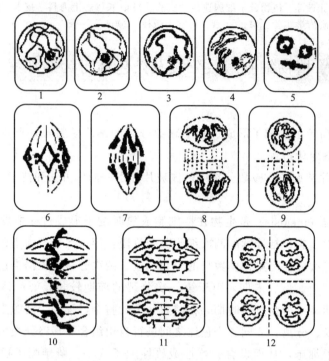

图 2-1　减数分裂全过程模式图

1—细线期；2—偶线期；3—粗线期；4—双线期；5—终变期；6—中期Ⅰ；

7—后期Ⅰ；8—末期Ⅰ；9—前期Ⅱ；10—中期Ⅱ；11—后期Ⅱ；12—末期Ⅱ

现纺锤体，每个二价体的两条染色单体的着丝粒分别趋向纺锤体的两极，此时最适染色体计数和形态特征的观察。

（3）后期Ⅰ：二价体中的一对同源染色体开始分开。在纺锤体的作用下分别向两极移动，完成染色体数目的减半过程。此期，同源染色体的两个成员必然分离，非同源染色体间的各个成员以同等机会随机结合，分别移向两极。注意此时染色体的着丝粒尚未分裂，每条染色体含有两条染色单体。

（4）末期Ⅰ：染色体移到两极，松开变细，核仁核膜重新出现，形成两个子核。细胞质分裂，在赤道板处形成细胞板，成为二价体。

2. 第二次分裂

（1）前期Ⅱ：染色体又开始明显缩短，而其包含的两条染色单体分得很开，只是着丝粒仍然没有分裂。

（2）中期Ⅱ：染色体整齐地排列在分裂细胞的赤道板上，出现纺锤体。

（3）后期Ⅱ：染色体的着丝粒分裂为二，两条姐妹染色单体在纺锤体的牵引下分别移向两极。

（4）末期Ⅱ：染色体分别到两极后，又重新出现核仁和核膜，同时细胞质分裂为二，从而使一个母细胞分裂为四个子细胞，称为四分体（四分孢子），每个子细胞内只含有原来母细胞的半数的染色体（n）。

减数分裂中染色体的行为变化与生物的遗传变异密切相关。染色体是遗传物质的载体，因此染色体在减数分裂中的行为对遗传物质的分配和重组产生了重大影响。高等植物的性母细胞（2n）在形成雌雄配子（n）过程中必须通过减数分裂。由于植物花药取材容易，操作和鉴定比较方便，故一般都采用花粉母细胞作为制片材料，在光学显微镜下观察其减数分裂过程中染色体的行为变化。植物材料的减数分裂制片通常采用涂片法，制片过程包括：取材、固定、染色及压片几个步骤。

【实验材料】

水稻幼穗（*Oryza sativa*，2n＝24），玉米幼穗（*Zea mays*，2n＝20）

【实验器具及试剂】

1. 实验器具

显微镜、酒精灯、载玻片、盖玻片、镊子、解剖针、刀片、吸水纸、烧杯、培养皿、标签等。

2. 实验试剂

无水乙醇、冰醋酸、卡诺氏固定液（乙醇∶冰醋酸＝3∶1）、改良苯酚品红等。

【实验方法及步骤】

1. 取材：选取适宜的小花或小穗，是实验的关键。不同材料鉴别方法不同。一般在9～11时固定，不需预处理。

（1）玉米雄穗的取材时间是抽穗前1～2周的大喇叭口期，即处于减数分裂期。这时用手从喇叭口处向下捏叶鞘，有松软感，即为雄花序。顶端花药长3～5mm，花药尚未变黄时取材。

（2）水稻：幼穗当旗叶叶耳低于下一叶叶耳5～6cm开始减数分裂，两叶叶耳重叠（间距为0）时为减数分裂盛期。

2. 固定：将采集的雄穗浸入卡诺氏固定液中固定12～24h后，用95%酒精洗净醋酸气味后，保存于70%酒精中备用。

3. 制片：用解剖针从适当大小的小花内挑出花药三四个，取1枚花药放在洁净的载玻片上，用清洁刀片压在花药上向一端抹去，涂成薄层，然后加1滴改良品红染液。也可在花药上滴上染色液，然后用镊子把花药夹碎，去掉肉眼看得到的残渣，数分钟后盖上盖玻片，包被吸水纸，用大拇指均匀压片，或用铅笔的橡皮头垂直轻敲。

4. 镜检：先在低倍镜下寻找花粉母细胞，一般花粉母细胞比较大、圆形或扁圆形，细胞核大、着色较浅。而一些形状较小，整齐一致，着色较深的细胞是花药壁细胞。观察到有一定分裂相的花粉母细胞后，用高倍镜观察减数分裂各时期染色体的行为和特征。

【注意事项】

1. 取材时间的早晚是实验成功与否的关键步骤之一，必须适时取材。

2. 不同部位的花粉粒的成熟程度不同，取材时注意避免选取相同部位的材料，以便观察到更多的分裂相。

【作业及思考题】

1. 绘制所观察到的减数分裂在四个时期的图像，并简述其特征。

2. 说明在减数分裂过程中，哪些染色体行为在遗传上具有重要意义。

3. 通过实验观察，学会区分植物花粉母细胞与花药壁细胞，并说明各自的特点。

【参考文献】

[1] 穆平，乔利仙. 遗传学实验教程 [M]. 北京：高等教育出版社，2010.

[2] 王小利，张改生. 植物分子细胞遗传学实验 [M]. 长沙：上海科学技术出版社，2010.

[3] 杨大翔. 遗传学实验 [M]. 北京：科学出版社，2004.

实验三　果蝇的性状、生活史观察及饲养

【实验目的】

1. 了解果蝇生活史及各个阶段的形态特征，掌握果蝇的雌、雄成虫和几种常见突变性状的主要区别方法。

2. 学习实验果蝇培养基的配制、饲养管理以及实验处理方法和技术，为果蝇的杂交实验做准备。

【实验原理】

果蝇（fruit fly）是双翅目（Diptera），果蝇科（Drosophilidae）昆虫，该科包括 60 多个属，其中果蝇属（*Drosophila*）是最常见的属，我国已发现 800 余种。果蝇广泛存在于温带及热带地区，主食为腐烂水果中的酵母菌。它是研究遗传学的好材料，尤其在基因分离、连锁、交换等方面的研究更是广泛而充分，通常作遗传学实验材料的是黑腹果蝇（*Drosophila melanogaster*）。果蝇用作实验材料有许多优点。

（1）饲养容易：在常温下，以玉米粉等为饲料就可以生长繁殖。

（2）生长迅速：在 23～25℃下，9～11d 就可以完成一个世代，每个受精的雌蝇可产卵 400～500 个，因此在短期内就可以获得大量子代，便于遗传学分析。

（3）染色体数目少：只有 4 对，$2n=8$。

（4）唾腺染色体制作容易，横纹清晰，是遗传学研究的好材料。

（5）突变性状多，而且多数是形态突变，便于观察。

黑腹果蝇为双翅目昆虫，具完全变态。生活史包括受精卵、幼虫（1～3

龄）、蛹、成虫四个发育阶段（图 3-1）。

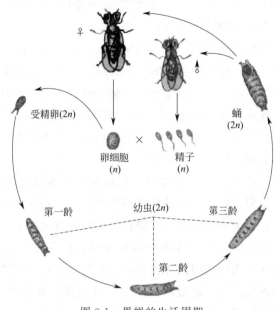

图 3-1　果蝇的生活周期

果蝇的生活周期长短与温度关系很密切，30℃以上能使果蝇不育和死亡，低温则使它生活周期延长，同时生活力也减低，果蝇培养的最适温度 20～25℃，10～15d，见表 3-1。

表 3-1　不同温度下的果蝇生活周期

状态＼温度	10℃	15℃	20℃	25℃
卵→幼虫			8d	5d
幼虫→成虫	57d	18d	6.3d	4.2d

【实验材料】

实验室饲养的果蝇品系若干。

【实验器具及试剂】

1. 实验器具

解剖镜、放大镜、麻醉瓶、培养瓶、死蝇瓶、镊子、棉塞、生化培养箱、海绵板、白瓷板、解剖针、毛笔、放大镜、恒温培养箱。

2. 实验试剂

乙醚、琼脂、蔗糖、玉米粉、酵母粉、丙酸（苯甲酸）。

【实验方法及步骤】

1. 果蝇生活史观察

（1）卵：羽化后的雌蝇一般在 12h 后开始交配，两天后才能产卵。卵长 0.5mm，为椭圆形，腹面稍扁平，在背面的前端伸出一对触丝，它能使卵附着在食物（或瓶壁）上，不致深陷到食物中去。

（2）幼虫：从卵孵化出来后，经过两次蜕皮，发育成三龄幼虫，此时体长可达 4～5mm。肉眼可见其前端稍尖的部分为头部，上有一黑色斑点即为口器。口器后面有一对透明的唾液腺，透过体壁可见到一对生殖腺位于躯体后半部上方的两侧，精巢较大，外观上是一明显的黑点，而卵巢则较小，可以此作为鉴别方法。幼虫活动力强而贪食，它们在培养基上爬行时，留下很多条沟，沟多而且宽时，表明幼虫生长良好。

（3）蛹：幼虫生活 7～8d 准备化蛹，化蛹前从培养基上爬出，附着在瓶壁上，逐渐形成一个梭形的蛹，在蛹前部有两个呼吸孔，后部有尾芽，起初蛹壳颜色淡黄而柔软，以后逐渐硬化，变为深褐色，表明即将羽化了。

（4）成虫：幼虫在蛹壳内完成成虫体型和器官的分化，最后从蛹壳前端爬出。刚从蛹壳里羽化出来的果蝇虫体比较长，翅膀尚未展开，体表尚未完全几丁质化，故呈半透明的乳白色。透过腹部体壁，可以看到黑色的消化系统。不久，变为短粗圆形，双翅展开，体色加深。例如野生型初为浅灰色，然后呈灰褐色。

2. 果蝇成虫雌雄区别（表 3-2）

表 3-2　果蝇成虫雌雄区别

性别	雄性	雌性
肉眼鉴别	1. 体形较小 2. 腹部背面有 5 条环纹 3. 腹部末端较尖且颜色深	1. 体形较大 2. 腹部背面有 7 条环纹 3. 腹部末端较圆而且颜色浅
解剖镜下观察	1. 腹部腹面可见四个腹片 2. 腹部腹面尾端可见生殖拱和阴茎 3. 第一对足的跗节第一节内侧有一排梳状黑毛，称"性梳"（sex-combs）	1. 腹部腹面可见六个腹片 2. 腹部腹面尾端可见阴道板 3. 无"性梳"

3. 果蝇常见的几种突变类型（表 3-3）

表 3-3　果蝇常见突变性状的特征

突变性状名称	基因符号	性状特征	所在染色体
白眼	w	复眼白色	X
棒眼	B	复眼横条形	X
黑檀体	e	体呈乌木色，黑亮	ⅢR
黑体	b	体呈深色	ⅡL
黄身	y	体呈浅橙黄色	X
残翅	vg	翅退化，部分残留不能飞	ⅡR
焦刚毛	sn	刚毛卷曲如烧焦状	X
小翅	m	翅膀短小，不超过身体	X

4. 果蝇培养基的配制

果蝇以食酵母菌为主，因此凡能发酵的基质均可作为果蝇的饲料，实验室一般常用的果蝇饲料有香蕉、玉米、米粉、麸皮等。现以玉米粉饲料为例介绍其配制方法（表3-4）。

表 3-4 果蝇培养基成分表

配方	水/mL	琼脂	蔗糖（白砂糖）/g	玉米面/g	丙酸/mL	酵母粉/g
①	80	1.5	13	10	0.5	0.5
②	100	1	10	10	0.5	0.5

表 3-4 配方中蔗糖（或白砂糖）可由红糖代替，丙酸也可以用苯甲酸代替，酵母粉亦可用酵母菌液代替。

配方①可用于培养杂交果蝇因培养基较干稠，可避免黏着果蝇。配方②可以用于原种保存，因培养基较稀，可以延长培养时间。

按照配方称量好各成分。用 2/3 的水把琼脂调匀，加热溶解，再把蔗糖或白砂糖加入溶解，将余下的 1/3 的水和玉米粉充分搅和，然后倒入煮沸的上液中，并不断地搅拌煮沸至黏稠为止，最后加入丙酸搅拌均匀。将培养基倒入已经消毒过的培养瓶内，每瓶 2cm 厚为宜，然后加入酵母菌液数滴或新鲜酵母菌粉少量，插进消毒过的吸水纸（毛边纸），吸水纸的功用是吸去水分，为幼虫化蛹时提供干燥场所，最后加盖消毒过的棉塞，送入 25℃ 左右的恒温箱内让培养基充分发酵，使酵母菌迅速生长，待 1～2d 后即可将果蝇移入。

以上从培养基分装到盖好塞子整个过程中所用工具及手都应消毒，严防杂菌污染。培养瓶处理：150℃，3min 干热灭菌（带瓶塞）。

5. 果蝇麻醉

在选取或观察果蝇时，应使果蝇处于昏迷不动状态，故常用乙醚对果蝇进行麻醉，取麻醉瓶（与饲养瓶口径大小相同），在其棉塞上滴几滴乙醚并塞好，将培养瓶轻轻振动使果蝇全部落在培养基上，然后迅速拔去培养瓶和麻醉瓶上的棉塞，口对口相吻合，培养瓶在上，麻醉瓶在下，轻轻将麻醉瓶在海绵块上振动，使培养瓶中的果蝇掉进麻醉瓶里，然后迅速塞好两只瓶的棉塞子。当观察到麻醉瓶中的果蝇昏迷不动时，就可将果蝇倒在白瓷板上进行性状观察和雌雄的区别。如仅观察统计可延长时间麻醉致死，其翅膀外展 45° 时说明已死亡。如需继续培养以轻度麻醉呈昏迷状态为宜。

6. 原种培养

在作为新的留种培养时，应事先检查一下果蝇有没有混杂，以防原种丢失。亲本的数目一般每瓶 5～10 对，移入新培养瓶时，须将瓶横卧，然后将果蝇挑入，待果蝇清醒过来后，再把培养瓶竖起，以防果蝇粘在培养基上。

原种每 2～4 周换一次培养基（视温度而定），每一原种培养至少保留两套。

培养瓶上标签要写明名称，培养日期等，作为原种培养，可控制温度到 10～15℃，培养时避免日光直射。

7. 实验交配

果蝇雌性生殖器官有受精囊，可保留交配所得的大量精子，能使大量的卵受精，因此在做品系间杂交时，雌体必须选用处女蝇。雌蝇刚羽化后一般 12h 之后交配，所以把培养瓶内的果蝇除去后，为准确起见，8h 内所收集到的雌蝇必为处女蝇。

由于雌蝇两天内不产卵，所以可将雄蝇直接放到处女蝇培养瓶中（也可以放在盛有食物的小瓶中暂养两天，直到雌蝇将要产卵时放回培养瓶中）。贴好标签。写明交配日期，当子蝇即将羽化出来以前，也就是说 23℃ 培养 7～9d，倒出亲本，以免子代和亲代混淆。另外应该注意，杂交的 F_1 代的计数安全期是自培养开始的 20d 内，因为再晚些，也可能有 F_2 代出现了。

【作业及思考题】

1. 在解剖镜或放大镜下观察雌雄果蝇的外形特征，描述其主要的区别方法。

2. 果蝇麻醉时的注意事项有哪些？

3. 果蝇杂交时为什么要选择处女蝇？怎么样选择处女蝇？

【参考文献】

[1] 杨大翔. 遗传学实验 [M]. 北京：科学出版社，2004.
[2] 朱睦元，王君晖. 现代遗传学实验 [M]. 杭州：浙江大学出版社，2009.
[3] 郭善利，刘林德. 遗传学实验教程 [M]. 北京：科学出版社，2004.

实验四 果蝇的单因子和双因子杂交

【实验目的】

1. 掌握果蝇杂交的实验方法。

2. 通过杂交实验深刻理解孟德尔分离定律和自由组合定律。

3. 学习运用生物统计学的方法对实验数据进行处理分析。

【实验原理】

1. 单因子杂交实验

根据孟德尔的颗粒式遗传学理论，基因是一个独立的结构与功能单位，在杂合状态时不发生混淆，完整地从一代传递到下一代，由该基因的显隐性决定其在下一代的性状表现。单因子杂交是指一对等位基因间的杂交。孟德尔第一定律即分离定律指出，一对杂合状态的等位基因保持相对的独立性，其自交后代中表型分离比为 3：1。

单因子实验选用野生型长翅（VgVg）果蝇和突变型残翅（vgvg）果蝇为亲本，研究一对相对性状的遗传规律。野生型果蝇的双翅是长翅，翅长过尾部。残翅果蝇的双翅几乎没有，只有少量残痕，无飞翔能力。

正交：　P　　　　　　长翅（♀）×残翅（♂）
　　　　　　　　　　VgVg　　　vgvg

　　　　　　↓

　　　　F₁　　　　　　长翅（♀、♂）
　　　　　　　　　　　　Vgvg

　　　　　　　↓⊗

　　　　F₂　　　　　长翅　　　残翅
　　　　　　　　VgVg　Vgvg　vgvg
　　　　　　　　　1　：　2　：　1

反交：　P　　　　　残翅（♀）×长翅（♂）
　　　　　　　　　vgvg　　　　VgVg

　　　　　　↓

　　　　F₁　　　　　长翅（♀、♂）
　　　　　　　　　　　Vgvg

　　　　　　↓⊗

　　　　F₂　　　　长翅　　　残翅
　　　　　　　VgVg　Vgvg　vgvg
　　　　　　　1　：　2　：　1

2. 双因子杂交实验

位于非同源染色体上的两对等位基因，其杂合体在形成配子时，等位基因按分离定律分离进入不同的配子，而非等位基因则可自由组合进入同一配子，这样分配的结果就是：产生 4 种基因型的配子，且每种类型产生的概率相等。在杂合体自交产生的子代中就表现出 9 种基因型。若显性完全，就表现出 4 种表型，比例为 9∶3∶3∶1，这就是孟德尔第二定律即自由组合定律。

果蝇的灰体（E）与黑檀体（e）为一对相对性状，决定这对性状的基因位于第Ⅲ染色体上；长翅（Vg）与残翅（vg）为另一对相对性状，决定这对性状的基因位于第Ⅱ染色体上。本实验将探讨这两对性状的遗传规律。

P　　　　　长翅黑身　　×　　残翅灰身
　　　　　VgVgee　　　　　vgvgEE

　　　　　↓

F₁　　　　　　长翅灰身
　　　　　　　VgvgEe

　　　　　↓⊗

F₂　　　长翅灰身　长翅黑身　残翅灰身　残翅黑身
　　　　Vg_E_　　Vg_ee　　vgvgE_　　vgvgee
　　　　　9　：　　3　：　　3　：　　1

【实验材料】

野生型果蝇；残翅果蝇；黑檀体果蝇。

【实验器具及试剂】

1. 实验器具

立体解剖镜，恒温培养箱，天平，培养瓶及麻醉瓶，毛笔及白瓷板。

2. 实验试剂

乙醚，果蝇培养用玉米粉培养基。

【实验方法及步骤】

1. 选取杂交实验的亲本进行杂交，在杂交瓶上贴上标签，标注亲本，交配日期与实验者姓名。

（1）单因子实验：以残翅果蝇与长翅果蝇为亲本，进行杂交，分为正交实验和反交实验两种组合，作为母本者必须为处女蝇。

正交：长翅 VgVg（♀）×残翅 vgvg（♂）

反交：残翅 vgvg（♀）×长翅 VgVg（♂）

（2）双因子实验：选残翅灰身和长翅黑檀体果蝇做亲本，正交和反交各做一组，作为母本者必须为处女蝇。

正交：长翅黑檀体 VgVgee（♀）×残翅灰身 vgvgEE（♂）

反交：残翅灰身 vgvgEE（♀）×长翅黑檀体 VgVgee（♂）

2. 雌蝇一定要选处女蝇，可在实验前 2～3d 陆续收集，雌雄个体分开培养，数目多少根据需要而定。

3. 首先把残翅处女蝇倒出麻醉，挑 5 只移到水平放置的杂交瓶中，再把长翅倒出麻醉，挑选 5 只雄蝇，移到上述杂交瓶中。等杂交亲本在杂交瓶中全部苏醒后，将杂交瓶直立，并移入 25℃温箱中培养。同上，按上述操作进行反交实验接种培养。注意贴好标签。

4. 7d 后，释放杂交亲本。

5. 再过 4～5d，F_1 成蝇开始出现，观察 F_1 翅膀，连续检查 2～3d，或在释放亲本 7d 后集中观察。

6. 选取正、反交各 5 对 F_1 雌雄果蝇，分别移入一新培养瓶（这里不需用处女蝇），置 25℃温箱中培养。

7. 7d 后，释放 F_1 亲本。

8. 再过 4～5d，F_2 成蝇出现，开始观察。可连续统计 7～8d。被统计过的果蝇倒入水槽中冲掉。填表，进行 χ^2 测验。

【实验结果】

1. 观察并统计单、双因子实验正、反交 F_1 代的表型及个体数，比较正、反交实验结果，分析基因间的显隐性关系。

2. 观察并统计单、双因子实验正、反交 F₂ 代的表型及各种表型的个体数，计算不同表型个体数的比例，比较正、反交实验结果。

3. 孟德尔分离定律和自由组合定律的验证，具体实验记录和数据统计参照附录 F 中的设计。

【作业及思考题】

1. 杂交实验中为什么亲本雌蝇要选用处女蝇？

2. 在进行杂交和 F₁ 自交后一定时间为什么要释放杂交亲本？

3. 分析你的实验结果是否符合孟德尔定律？

4. 基因间发生自由组合的前提是什么？

5. 如何判断两个基因是连锁遗传还是自由组合？

【参考文献】

[1] 杨大翔. 遗传学实验. 北京：科学出版社，2004.
[2] 朱睦元，王君晖. 现代遗传学实验. 杭州：浙江大学出版社，2009.
[3] 郭善利，刘林德. 遗传学实验教程. 北京：科学出版社，2004.

实验五 果蝇的伴性遗传

【实验目的】

1. 正确认识伴性遗传正、反交的差别，掌握伴性遗传的规律和特点。

2. 掌握实验果蝇的杂交技术，掌握交配结果记录和统计处理的方法。

【实验原理】

果蝇的性染色体有 X 和 Y 两种类型。雌蝇细胞内有 2 条 X 染色体，为同配性别（XX）；雄蝇细胞内有 X、Y 两条染色体，是异配性别（XY）。果蝇的红眼与白眼是由性染色体上的基因控制的相对性状。用红眼雌果蝇与白眼雄果蝇交配，F₁ 代雌雄均为红眼果蝇，F₁ 代相互交配，F₂ 代则雌蝇均为红眼，雄蝇中红眼：白眼＝1：1；如果用白眼雌果蝇与红眼雄果蝇交配，F₁ 代雌性均为红眼，雄性均为白眼，F₁ 相互交配得 F₂ 代，雌蝇红眼与白眼比例为 1：1，雄蝇红眼与白眼比例亦为 1：1。位于性染色体上的基因控制性状传递与雌雄性别有关系。

A：野生型♀ × 突变型♂   B：突变型♀×野生型♂

P X^+X^+ X^wY X^wX^w X^+Y

                ↓   ↓

F₁ X^+X^w X^+Y X^+X^w X^wY

                ↓⊗   ↓⊗

F₂ X^+X^+ X^+X^w X^+X^w X^wX^w

        X^+Y X^wY X^+Y X^wY

表型　雌：野生型表型   雌：1/2 野生型，1/2 突变型

雄：1/2 野生型，1/2 突变型   雄：1/2 野生型，1/2 突变型

由上图可知：

（1）正反交雌雄性状不同，而常染色体上基因控制的性状正反交雌雄性状相同，这是伴性遗传和常染色体遗传的区别。

（2）子代雄性个体的 X 染色体均来自母本，而父本的 X 染色体总传递给子代雌性个体，这种 X 染色体上基因的遗传方式称为交叉遗传。

【实验材料】

野生型果蝇（红眼），突变型果蝇（白眼）。

【实验器具及试剂】

1. 实验器具

恒温培养箱，天平，高压灭菌锅，培养瓶，麻醉瓶，白瓷板，毛笔，镊子，棉花塞，滤纸片，牛皮纸。

2. 实验试剂

乙醚，果蝇培养基。

【实验方法及步骤】

1. 果蝇培养

参照实验三中的果蝇培养方法，分别饲养这两个品系的果蝇，待饲养瓶中有蛹出现后将成蝇移去。

2. 选择亲本

从刚羽化的果蝇中分别选择红眼雌蝇和白眼雌蝇，为了保证雌果蝇是处女蝇，在选择的时候，羽化的果蝇不能超过 10h。

3. 果蝇杂交

进行伴性遗传杂交时，应该同时配置正交和反交实验组合。因为决定性状的基因在性染色体上，正、反交的结果会出现性状和性别的差异。把选好的红眼、白眼雌蝇分别放入培养瓶中，再按实验的要求将白眼雄蝇放入红眼雌蝇的培养瓶，相反，把红眼雄蝇放入白眼雌蝇瓶中。在果蝇培养前，要在杂交培养瓶上贴上标签，标明实验项目，杂交组合，杂交日期，实验者姓名。最后，把培养瓶放在 20～25℃ 恒温培养箱内饲养果蝇。

4. 去亲本

果蝇饲养 7～8d 以后，肉眼可见培养瓶中出现了幼虫和蛹，这时可以将亲本移出，以防亲本与 F_1 果蝇混杂，影响实验结果。

5. F_1 代性状观察和统计

再经过几天饲养之后，培养瓶中会陆续羽化出 F_1 代果蝇，仔细观察 F_1 代果蝇性状，统计正、反交 F_1 代表型性状的观察结果，并将结果填入表中（见表 5-1 和表 5-2）。

表 5-1　果蝇伴性遗传正交（$X^+X^+ \times X^wY$）F_1 代的性状观察统计表

统计日期	红眼♀（+）	白眼♂（w）
合计		

表 5-2　果蝇伴性遗传反交（$X^wX^w \times X^+Y$）F_1 代的性状观察统计表

统计日期	红眼♀（+）	白眼♂（w）
合计		

6. F_1 代自交

把正交实验得到的 F_1 代果蝇转入一个新培养瓶中进行相互交配，把反交试验得到的 F_1 代果蝇也转入一个新培养瓶中进行互交（不需挑选处女蝇），以期获得 F_2 代。

7. 去亲本

经过 7～8d 的培养，当培养瓶里出现了 F_2 代幼虫和蛹时，把培养瓶里的成蝇转移出去，防止与 F_2 代果蝇混杂。

8. F_2 代性状观察和统计

再经过几天饲养之后，F_2 代果蝇会陆续羽化来，仔细观察 F_2 代果蝇的性状，统计正、反交 F_2 代表型性状的观察结果，并将结果填入表 5-3 和表 5-4 中。

表 5-3　果蝇伴性遗传正交 F_2 代的性状观察统计表

统计日期	红眼♂（+）	白眼♂（w）	红眼♀（+）	白眼♀（w）
合计 百分比				

表 5-4　果蝇伴性遗传反交 F_2 代的性状观察统计表

统计日期	红眼♂（+）	白眼♂（w）	红眼♀（+）	白眼♀（w）
合计 百分比				

9.伴性遗传试验结果分析

根据实验观察和统计结果，应用统计学分析方法，分析果蝇眼色遗传的现象和特点，深入理解伴性遗传的本质和规律。

【注意事项】

1.处女蝇的筛选：果蝇杂交产卵后，先把培养瓶中的老果蝇全部除去，待新果蝇羽化，12h内进行麻醉，将雌雄果蝇分开并在不同的培养瓶中培养，这时得到的雌果蝇全部都是处女蝇。

2.标签的准确标示。

3.在果蝇伴性遗传杂交实验中，有时也有例外个体产生，比如在前面提到的反交实验中，♀性果蝇应该全是红眼，F₁中确实出现了♀性的白眼果蝇，虽然出现这种现象的概率很低，但确实出现过。造成这种例外产生的原因是由于减数分裂过程中 X 染色体不分开所致。

【作业及思考题】

1.记录和分析杂交实验结果。每个学生单独计数，使用全体学生的数据，做必要 χ^2 检验，分析讨论其结果。

2.伴性遗传的特点是什么？

【参考文献】

[1] 刘祖洞，江绍慧.遗传学实验［M］.第二版.北京：高等教育出版社.1987.
[2] 王建波，方呈祥，鄢慧民，章志宏.遗传学实验教程［M］.武汉：武汉大学出版社.2004.
[3] 杨大翔.遗传学实验［M］.第二版.北京：科学出版社.2010.

实验六 玉米籽粒性状的遗传分析

【实验目的】

1.掌握玉米籽粒性状分析的方法，验证孟德尔定律及基因互作知识。

2.了解通过 F₁ 花粉鉴定验证分离定律的方法，观察花粉直感现象。

【实验原理】

玉米（*Zea mays*）是研究遗传和变异较好的材料，它的变异类型丰富，易于自交、杂交，繁殖系数高，后代群体大，尤其是果穗上籽粒变异性状多（图6-1），便于观察和统计分析。玉米的染色体数目较少（$2n=20$），染色体大且各具特点，易于观察花粉细胞减数分裂中的染色体行为特征和染色体的结构变异。

成熟的玉米籽粒是由果皮（种皮与果皮紧密结合不易分开）、胚乳和胚三部分组成。其中，果皮是由子房壁发育而成；种皮由珠被（即胚囊壁）发育而成，二者均属于母本的体细胞组织，其性状表现由母本的基因型决定。胚和胚乳是双受精发育的结果，胚由受精卵（精卵结合）发育而来，是二倍体（$2n$）；胚乳

图 6-1 玉米籽粒性状的变异

（又分为淀粉层和糊粉层）由受精极核（1个精细胞与2极核结合）发育而来，是三倍体（3n）（图 6-2）。因此，胚和胚乳的性状是由亲本的基因型共同决定。因此，当父本花粉具有某显性基因时，则籽粒直接表现为父本的性状，该现象称为花粉直感。

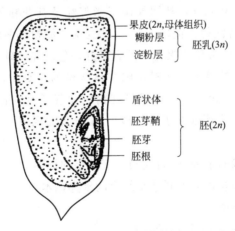

图 6-2 玉米种子纵切图

果皮颜色性状有红色、花斑（红色背景上出现白色条纹）、棕色和无色。在基本色素基因 A_1 存在时，果皮颜色的表现一般是由第1染色体上的等位基因（P，p）与位于第9染色体上的等位基因（Bp，bp）互作的结果。

$P\_Bp\_$ 红色；P_bpbp 棕色；$P^v\_Bp\_$ 花斑（P^v 为 P 基因座上的另一等位基因）；$ppBp\_$ 及 $ppbpbp$ 均为无色。

胚乳性状有甜（su）与非甜（Su）、糯（wx）与非糯（Wx）、凹陷（sh）与饱满（Sh）等性状，均表现为花粉直感现象。其中普通甜玉米基因有 su_1 和 su_2，分别位于第 4 染色体和第 6 染色体；wx/Wx 与 sh/Sh 位于第 9 染色体上。隐性基因 su 对 Wx/wx 基因具有隐性上位作用，基因型与表型关系如下：

$Su \_ Wx \_$ 非甜、非糯；$Su \_ wxwx$ 非甜、糯；$susuWx \_$ 和 $susuwxwx$ 甜、非糯。

淀粉层颜色有黄色（Y）和白色（y）两种，位于第 6 染色体上。

糊粉层（即蛋白质层）颜色性状有紫色、红色和无色。它主要由 7 对基因控制，分别是花青素基因 A_1，a_1（位于第 3 染色体）、A_2，a_2（位于第 5 染色体）、A_3，a_3（位于第 10 染色体）；糊粉粒色基因 C，c（位于第 9 染色体）、R，r（位于第 10 染色体）和 Pr，pr（位于第 5 染色体）；色素抑制基因 Ii 所控制。只有当显性基因 A_1、A_2、A_3、C、R 同时存在、而抑制基因又呈隐性纯合 ii 时，色素才能形成。而色素形成的类别是由 Pr，pr 决它的，当显性基因 Pr 存在时，呈现为紫色，当隐性基因纯合 $prpr$ 存在时则表现为红色。当显性基因 A_1、A_2、A_3、C、R 中缺少任何一个或所有这些色素基因均为显性，但当显性抑制基因 I 存在时，均表现为无色。

由于控制玉米籽粒果皮、糊粉层颜色，以及胚乳性状的基因分别位于非同源染色体上，故这些性状的遗传表现为独立分配和基因互作现象。

F_1 花粉鉴定法：Wx/wx 基因控制玉米籽粒及其花粉粒中的淀粉性质，非糯性（Wx）的为直链淀粉，糯性（wx）的为支链淀粉。两种淀粉与稀碘液的反应呈现不同的颜色，前者呈蓝黑色，后者呈红褐色。如以碘液处理玉米糯性×非糯性的 F_1（$Wxwx$）植株上的花粉，则在显微镜的视野里，可以明显地看到花粉粒具有两种不同的染色反应，而且呈红褐色和蓝黑色的花粉粒大致 $1:1$，从而验证杂合体 $Wxwx$ 在形成配子时呈现 $1:1$ 分离的规律。

【实验材料】

1. 玉米各种性状的杂种 F_1 自交与测交的果穗标本。

2. 用于观察基因互作的不同杂交组合的果穗标本。

3. 花粉直感的果穗。

4. $WxWx \times wxwx$ F_1 植株的花粉。

【实验器具及试剂】

1. 实验器具

计数器，计算器，光学显微镜，烧杯，解剖针（弯头），镊子，载玻片，盖玻片，滤纸。

2. 实验试剂

碘、碘化钾、无水乙醇、冰醋酸。

【实验方法及步骤】

1. 验证独立分配规律

（1）观察玉米籽粒有色、饱满×无色、凹陷杂交种 F_1 植株的自交果穗上籽粒性状的分离现象。每一果穗的籽粒按有色、饱满，无色、饱满，有色、凹陷，无色、凹陷四种表型记数。

（2）观察有色、饱满×无色、凹陷杂交种 F_1 植株的自交果穗上籽粒性状的分离现象。每一果穗的籽粒同样按上述四种分离类型分组记数。

2. 观察基因互作现象

（1）互补作用

观察两个无色亲本 $aaCCRR \times AAccRR$ 杂交产生的 F_1 果穗，其籽粒表现有色。观察自交果穗 F_2 籽粒的分离现象，按有色和无色两种表型记数，其粒色的分离比例为 9 有色（$9A\_C\_RR$）：7 无色（$3aaCcRR+3AaccRR+1aaccRR$）。

（2）抑制作用

将有色籽粒 $CCii$ 与无色籽粒 $ccII$ 亲本杂交，产生 F_1 的自交果穗。然后观察果穗上籽粒性状的分离现象，按无色和有色两种表现型记数。其性状表现为 13 无色（$9C\_I\_+3ccI\_+1ccii$）：3 有色（$3C\_ii$）。

（3）隐性上位作用

① 果皮颜色

将棕色果皮亲本 $PPbpbp$ 与白色果皮亲本 $ppBpBp$ 杂交，再自交得 F_2 果穗，观察籽粒性状的分离现象。按红色、棕色和白色三种表现型记数，其比例为 9 红色（$9P\_Bp\_$）：3 棕色（$3P\_bpbp$）：4 无色（$3ppBp\_+1ppbpbp$）。

② 糊粉层颜色

将紫色糊粉层的亲本 $CCPrPr$ 与无色的亲本 $ccprpr$ 杂交，再自交得 F_2 果穗。观察统计籽粒糊粉层颜色的分离现象。其比例为 9 紫色（$C\_Pr\_$）：3 红色（$3C\_prpr$）：4 无色（$3ccPr\_+1ccprpr$）。

3. 花粉直感现象

将黄粒玉米与白粒玉米相间种植，自由散粉，观察白粒玉米植株收获的果穗籽粒颜色，大部分为白色，少量为黄色。

4. F_1 花粉鉴定

取 $Wxwx$ 杂种玉米的一个花药置载玻片上，用解剖针挤压出花粉粒，滴一滴碘液，加盖玻片，在低倍镜下（视野稍暗）观察。每张载玻片按5点取样，记录各色花粉粒的数目，总数应有5000粒以上，并分析其结果。

【注意事项】

1. 杂交注意事项

（1）杂交的雌穗一定要在花丝抽出之前套袋，授粉后继续套袋隔离。

（2）为防止串粉，F_1 自交果穗需在抽丝前套袋，待开花时人工授粉并套袋。

2. F_1 花粉观察注意事项

（1）调节显微镜光的强弱，直至两种花粉粒的颜色能明确区分为止。

（2）先在 10 倍物镜下观察，然后在 20 倍物镜下计数。

（3）发育不良或畸形的小花粉粒不进行计数。

【作业及思考题】

1. 每人观察 3 个果穗（由教师发放），对籽粒性状进行统计，并对数据进行分析，利用 χ^2 检验验证是否符合遗传定律。数据列表如下。

性状	性状 1	性状 2	性状 3	性状 4	合计
第一次计数					
第二次计数					
第三次计数					
平均数(O)					
预期比率					
理论频数(E)					
χ^2 值					

2. 分析基因互作现象，χ^2 检验是否符合其相应的分离比，数据列表同上。

3. 统计分析两种颜色的花粉是否符合 1∶1 的分离比。

【参考文献】

[1] 卢龙斗，常重杰. 遗传学实验技术 ［M］. 北京：科学出版社，1996.

[2] 季道藩. 遗传学实验 ［M］. 北京：中国农业出版社，1992.

[3] 张文霞，戴灼华. 遗传学实验指导 ［M］. 北京：高等教育出版社，2007.

二、细胞遗传学实验

实验七 植物单倍体的诱发

【实验目的】

1. 学习花药培养诱导植物单倍体的原理、方法与技术要点，了解单倍体在育种实践中的意义。

2. 比较单倍体和二倍体植株的形态差异，初步掌握在幼苗期用目测挑选单倍体的方法。

3. 了解单倍体减数分裂的特点和花粉粒的育性。

【实验原理】

植物的无性繁殖和组织培养都说明，植物营养细胞是一个基本功能单位，具有发育成完整植株的潜在全能性。随着组织培养技术的发展，已可把花药放在离体条件下培养，使花粉粒分裂增殖，不经受精而单性发育成单倍体植株。单倍体经人工加倍或自然加倍，即为纯合的二倍体。育种工作者可以利用这一特性，促使选育材料的性状加速稳定，缩短育种周期，现已成为常规育种的一个辅助手段，也可应用于异花授粉作物自交系的培育。

花粉形成单倍体植株有两种方式：①花粉形成愈伤组织，再由愈伤组织器官分化成单倍体植株，如水稻、麦类等作物；②花粉不经愈伤组织，直接形成胚状体，如烟草、曼陀罗等。通常认为两种途径间不存在绝对的界限，主要取决于培养基中生长素的浓度。杂交育种是选育新品种最常用的方法，由于杂种后代的分离，要得到一个稳定的品系，通常要经过五年以上的选择，而应用花药培养，第二年就能得到纯合的二倍体。单倍体植株形成示意图见图7-1。

用于花药培养的基本培养基因植物种类而异，研究表明：水稻以 Miller 或 N6 培养基较合适，小麦则以 MS 较为适合。几种常用植物培养基配方及配制方

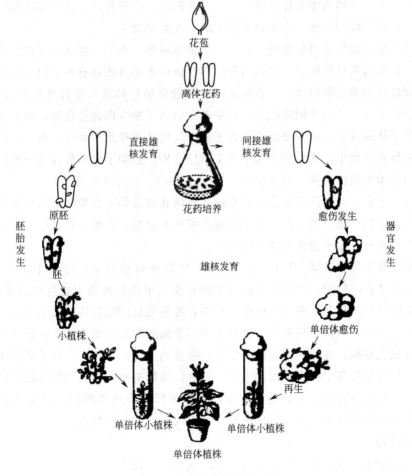

图 7-1　单倍体植株形成过程

法参见附录C。花药诱导愈伤组织的培养基也称去分化培养基，除基本培养基外，还需要加入 2,4-D（0.5～2mg/L）；促使愈伤组织分化为单倍体植株的分化培养基，则需加入吲哚乙酸（0.5～2mg/L）或萘乙酸（0.2～0.5mg/L）和 6-苄基氨基（2mg/L）。去分化培养基与分化培养基中植物激素（生长调节剂）种类与最适含量常因植物种类、基因型而异，因此要得到理想的愈伤组织诱导率与植株再生率，往往需要针对性地进行植物激素的优化试验。

单倍体染色体数为正常体细胞（$2n$）的一半（n），基因型由一套染色体组所决定。单套染色体组只能使遗传系统保持局部平衡，并破坏了基因的平衡和相互作用；改变了基因型背景，减少了基因数量，提供了隐性基因表现型出现的条件和可能性；改变了核质比例，如胚、胚乳、珠心系统倍数性水平的关系，从而降低了基因型功能，而在表现型上有所反映。不过一般单倍体和二倍体的表型区别属于数量差异，绝大部分单倍体是缩小了的亲本类型的拷贝，植株比正常二倍体植株矮小。柑橘的单倍体植株矮小，叶片较薄，叶色较淡；进一步鉴别，还表现出气孔保卫细胞较小，而单位面积上的气孔数则增多。

二倍体生物的单倍体细胞内只有一个染色体组，也是一倍体，又称为单元单倍体；而来自偶倍数同源多倍体与异源多倍体的单倍体则具有两个以上的染色体组，所以称为多元单倍体。一倍体减数分裂前期染色体均以单价体的形式存在，偶尔会出现无交叉的非同源联会；到中期Ⅰ时由于缺少同源染色体，单价体的两条染色单体的着丝点尚未复制完成而不能像二倍体那样集中在赤道板上，只能无序地分散在细胞中，使后期Ⅰ和中期Ⅰ难以区别。后期Ⅰ染色体在两极不均等分布，以玉米单倍体为例，可观察到 5-5、4-6、3-7、2-8、1-9、0-10 等分布，但以 5-5、4-6 为多，0-10 的分布很少。有的单价体在减数第一分裂时就发生着丝点分裂和姊妹染色单体分离，但往往不能向两极正常分配，紊乱分布在细胞中。末期Ⅰ可形成没有完整单倍染色体数的微核。

前期Ⅱ染色体多呈"X"或"Y"形，中期Ⅱ时多数染色体集中于赤道板。如果染色体在减数第一次分裂时已发生姊妹染色单体分离则不能排列到赤道板。后期Ⅱ时染色单体移向两极。小孢子核中有各种数目的染色体，大小不一，很多小孢子有微核，一些出现双核。染色体组不平衡的小孢子很少发生有丝分裂，不能发育成花粉粒。花粉粒的育性非常低，通常约为 1%～10%。多元单倍体染色体在减数分裂过程中的表现取决于该多元单倍体的来源，同源多倍体的单倍体各染色体组间存在同源关系，而异源多倍体的单倍体染色体组间为异源或部分同源。多元单倍体在粗线期可能出现有交叉的同源或部分同源联会。

【实验材料】

1. 孕穗后期的水稻（*Oryza sativa*，$2n=20$）穗子。

2. 水稻（*O. sativa*）、玉米（*Zea mays*，$2n=24$）等植物单倍体与二倍体 4～

6d 幼苗。

3. 水稻（*O. sativa*）、玉米（*Z. mays*）等植物花药单倍体植株幼穗或其固定材料。

【实验器具及试剂】

1. 实验器具

试管（30mL），试管架，烧杯，量筒（100mL、1000mL），棉塞，吸管（1mL、2mL、5mL、10mL），接种针，镊子，酒精灯，剪刀，无菌纸，培养皿，超净工作台或接种室等。

2. 实验试剂

培养基，2,4-D，吲哚乙酸或萘乙酸，细胞分裂素类（如6-苄基氨基嘌呤），70%乙醇，福尔马林，高锰酸钾，漂白粉，15%铬酸，15%盐酸，10%硝酸，氢氧化钠，0.5%秋水仙碱溶液，1% I-KI 溶液。

3. 培养基配制

（1）大量元素母液：按培养基5倍用量称取各种大量元素，用蒸馏水分别溶解，逐个加入（把 Ca^{2+}、SO_4^{2-}、PO_4^{3-} 错开，以免产生沉淀），再定容至 1000mL，此液便是培养基5倍浓度的母液。

（2）微量元素母液：硼、锰、铜、锌、钴等微量元素，用量极少，可按配方 10 倍的量配成母液。

（3）单独配制铁盐及各有机成分（除蔗糖外）的母液，这类药品用量很少，久放容易变质，可分别配成 $0.2 \sim 1mg/L$ 的母液，并需放在冰箱内保存。

有些药品不易溶解于水，如 2,4-D、萘乙酸、秋水仙素，可以先溶解于少量的 95%乙醇中，吲哚乙酸可加热溶解，6-苄基氨基嘌呤先溶解于少量 1mol/L HCl，叶酸先溶解于少量 NH_4OH 中，再分别加入蒸馏水，配成一定浓度的母液。

各种母液取出后，加入蒸馏水和蔗糖，花药培养蔗糖浓度较一般组织培养要高些，常用 60g/L，最后定容至 1000mL，加入琼脂后加热溶化，再用 1mol/L HCl 或 NaOH 调节 pH 值，最后分装灭菌。

【实验方法及步骤】

1. 水稻花药单倍体植株的诱导

（1）花粉发育时期的镜检和消毒

严格掌握花粉发育时期是愈伤组织形成的重要因素。水稻采用单核中、晚期的花粉培养比较好。此期植株外部形态特征为：剑叶已伸出叶鞘，和下面一叶的叶枕距为 $3 \sim 10cm$（因品种和气候而异）。取花药置于载玻片上，加上一滴 15%铬酸、15%盐酸和 10%硝酸的混合液（2∶1∶1 的体积比）压片镜检。可以看到细胞核被染成橙黄色，单核中、晚期的花粉已形成液泡，细胞核被挤到花粉粒边缘。根据镜检花粉粒所在颖壳的颜色和花药在颖壳里的位置为标准，剪去较嫩和较老的小穗；把准备接种的小穗放在10％的漂白粉的上清液里，消毒10min，再用无菌水冲洗2～3次。

（2）接种和培养

将消毒的水稻小穗，对着光剪去花药上端的颖壳，用镊子将花药剥在无菌纸上，再倒入装有去分化培养基的试管内，每管接30～40个花药，于28℃下进行暗培养，促使花粉粒分裂增殖，形成愈伤组织。

（3）单倍体植株的诱导

花药培养20d左右，可在花药裂口处观察到淡黄色的愈伤组织形成；等愈伤组织长到2～4mm时，再转到含有萘乙酸（或吲哚乙酸）和6-苄基氨基嘌呤的分化培养基上，并用日光灯照明，两周后愈伤组织分化出小植株；当植株长到6～10cm时即可移栽，移栽时先将根部的培养基洗去，刚入土的幼苗需用烧杯罩住，防止因水分蒸发而死苗。

（4）染色体加倍

水稻花药培养形成的植株大多是单倍体，必须经过染色体加倍后才能结实。一般采用0.5％秋水仙碱溶液浸泡根和分蘖节，有时经秋水仙素处理后仍是单倍体，虽能形成稻穗和花器官，但不能结实。此时可以把地上部分剪去，形成再生稻，延长生育期来提高加倍频率。

2. 单倍体与二倍体的植株、幼苗形态观察

取3～4叶期的第2～3叶（注意取同一叶序相同部位），比较气孔保卫细胞的大小和数目。单倍体的保卫细胞较小，但单位面积上的数目较多。

观测比较单倍体和二倍体水稻（玉米）4～6d幼苗高度、主根长、根粗、芽鞘长度等。

3. 单倍体和二倍体植物的细胞学观察与鉴定

在花药培养过程中，也有部分愈伤组织来自药壁或花丝断裂处，它们是由二倍体的亲本细胞分裂而来，因此对分化幼苗进行染色体的检查是必不可少的。

取单倍体和二倍体水稻（玉米）4～6d幼苗根尖，制片观察染色体数（采用根尖染色体压片法）。

取水稻（玉米）幼穗，制片观察减数分裂各期染色体形态与分布特点（采用花粉母细胞涂抹片法）。

4. 花粉粒育性观察

用解剖针挑取雄穗内1～2个花药置于载玻片上，加1滴I-KI溶液，压出花粉粒，捡除花药壁残渣，盖上盖玻片，于低倍镜下观察。

可育花粉粒为圆形、饱满、内容物充实，染成蓝黑色；不育花粉粒形状不规则、皱疵、缺少内容物，呈棕黄色。

1. 秋水仙碱属于剧毒药品，具有麻醉作用，操作时切勿让药液直接接触皮肤或溅入眼内。

2. 培养及操作过程要求无菌环境，各种器具、培养基等均需进行灭菌处理。

【作业及思考题】

1. 观察单倍体和二倍体植株的形态特征差异。

2. 绘制单倍体减数分裂中期Ⅰ细胞学图，描述单倍体减数分裂中期的细胞学特征并分析其形成原因。

3. 观察并分析单倍体植物花粉粒的育性。

4. 拍摄愈伤组织及单倍体植株的照片。

【参考文献】

[1] 刘祖洞，江绍慧. 遗传学实验 [M]. 第二版. 北京：高等教育出版社，1987.
[2] 帅素容. 普通遗传学实验教程 [M]. 成都：四川科学技术出版社，2003.
[3] 方正武. 遗传学实验指导 [M]. 湖北：长江大学农学院遗传教研室，2009.

实验八　植物多倍体的诱发和鉴定

【实验目的】

1. 了解染色体整倍体变异的特点。

2. 掌握植物诱导多倍体的方法技术，了解其在植物育种上的意义。

3. 学会鉴别植物染色体数目的变化及其引起的植物其他器官的变异。

【实验原理】

自然界中各种生物的染色体数目是相对恒定的，这是物种的重要特征。遗传学上把二倍体生物一个配子的染色体数称为染色体组，用 n 表示。一个染色体组内每条染色体的形态和功能各不相同，但又互相协调，共同控制生物的生长和发育、遗传和变异。

各种生物的来源不同，细胞核内可能具有一个或一个以上的染色体组。细胞核内含有一套完整染色体组的生物体称为一倍体，以 n 表示。细胞核内具有两套染色体组的生物体称为二倍体，以 $2n$ 表示。细胞核内具有两个以上染色体组的生物体称为多倍体，如三倍体（$3n$）、四倍体（$4n$）、六倍体（$6n$）等。这类染色体数的变化以染色体组为单位进行增减，所以称为整倍体。

多倍体按其染色体组的来源，区分为同源多倍体和异源多倍体。凡增加的染色体组来自同一物种或者是原来的染色体组加倍，称为同源多倍体。凡增加的染色体组来自不同的物种，则称为异源多倍体。多倍体普遍存在于自然界中，目前已知被子植物中有1/3或更多的物种是多倍体，如小麦属染色体基数是7，属二倍体的有一粒小麦，四倍体的有两粒小麦，六倍体的有普通小麦。多倍体产生的途径除自然发生外，还可以人工诱导。诱导多倍体可以采用物理方法如射线处理、低温、高温、嫁接、切断等手段，还可以采用化学药剂的方法，如秋水仙素、富民农、异生长素等药品都能诱发多倍体。其中以秋水仙素效果最好。

秋水仙素是百合科植物秋种番红花——秋水仙（*Colchcum autumnale*）的种子及器官中提炼出来的一种生物碱，具有麻醉作用。化学分子式为 $C_{22}H_{25}NO_6$。秋水仙素对植物的种子、幼芽、花蕾、花粉、嫩枝等都能产生诱变作用。它的主要作用是在细胞分裂过程中抑制纺锤体的形成，使细胞分裂后期染色体不能分向两极而被阻截在分裂中期，这样细胞不能继续分裂，从而产生染色体数目加倍的核。

多倍体已经成功地应用于植物育种，用人工方法诱导的多倍体，可以得到一般二倍体所没有的优良经济性状，如粒大、穗长、抗病性强等。三倍体西瓜、三倍体甜菜、八倍体小黑麦已在生产上应用。

【实验材料】

玉米（*Zea mays*，$2n＝20$）（或大麦 $2n＝18$、水稻 $2n＝24$）。

【实验器具及试剂】

1. 实验器具

恒温水浴锅，显微镜，天平，培养皿，镊子，刀片，吸水纸，载玻片，盖玻片。

2. 实验试剂

秋水仙素，乙醇，冰醋酸，1mol/L HCl，石炭酸品红。

【实验方法及步骤】

1. 种子催芽

把玉米种子 $2n＝20$（或大麦 $2n＝18$、水稻 $2n＝24$）浸在 0.1％的秋水仙素溶液中，25℃培养箱中催芽 24h，自来水冲洗 2～3 次。对照组玉米种子用清水同步处理。

2. 秋水仙素处理

将萌发的玉米转移到盛有 0.025％的秋水仙素溶液浸润了吸水纸的培养皿中，25℃培养箱中培养发芽。对照组玉米种子用清水同步处理。

3. 固定

经过秋水仙素处理之后，根尖膨大，在上午 10～11 点或下午 4～5 点时取根尖，清水冲洗几次。对照组玉米种子用清水同步处理。将实验组与对照组玉米种子分别放在卡诺固定液中固定 4～24h，弃去固定液，固定好的材料可以放在70％的酒精中，放入 4℃冰箱中保存备用。

4. 解离

弃去酒精，将实验组与对照组玉米根尖置于 1mol/L HCl 溶液中，60℃的恒温水浴锅中解离 10min。根尖解离之后，要用清水反复冲洗干净。

5. 根尖压片

分别取实验组与对照组玉米根尖分生组织一部分放在一个洁净的载片上，先用解剖针把材料碾碎并铺展开。然后，滴上一滴石炭酸品红染色5min以后，盖上盖片，先把材料轻敲几下，然后再用力压实。

6. 玉米移栽

将秋水仙素处理的幼苗用自来水缓缓冲洗，栽种在大田或盆钵内，给以良好田间管理。对照组玉米幼苗同步移栽。

7. 实验结果观察

显微镜观察细胞染色体数目。借助显微镜寻找染色体分散良好、形态清楚的 $4n=40$ 细胞。在观察时有的细胞中确实有40条染色体，但每条染色体只是一条染色单体，这不能算是 $4n$ 的细胞，只能说是 $2n$ 的后期相，这样的细胞必须要经过间期染色体复制才能成为真正的 $4n$ 细胞。

观察四倍体、二倍体玉米植株，比较两者外部器官形态特征（如叶色、叶形等）的差异。

在玉米植株叶片的背面中部划一切口，用尖头镊子夹住切口部分，撕下一薄层表皮，放在载玻片的水滴里，铺平，盖上盖破片，制成表皮装片。记载比较四倍体玉米和二倍体玉米气孔和保卫细胞的大小，并用测微尺测量记载其大小。

【注意事项】

1. 染色体加倍后必须进行鉴定。最为可靠的方法是待收获大粒种子后，再将这些大粒种子萌发，制成根尖压片，然后检查细胞内的染色体数目，只有染色体数目加倍了，才能证明已诱发成多倍体。

2. 秋水仙素具有毒性，操作时避免直接接触皮肤。

3. 用化学药剂进行诱发多倍体，可采用一次处理和间歇处理两种方法，间歇处理可获得良好的多倍体诱导效果。

4. 不同植物用化学药剂诱发多倍体，最适宜的时间阶段、时间长度、药剂种类、药剂浓度等不尽相同。

5. 诱发的多倍体可能有四倍体、八倍体等多种类型。

【作业及思考题】

1. 描绘四倍体玉米中期染色体图像。

2. 描述四倍体、二倍体玉米外部器官形态特征的差异。

3. 将四倍体、二倍体玉米表皮细胞气孔大小的结果记录下来并进行比较。

【参考文献】

[1] 刘祖洞，江绍慧. 遗传学实验 [M]. 第二版. 北京：高等教育出版社，1987.
[2] 王建波，方呈祥，鄢慧民，章志宏. 遗传学实验教程 [M]. 武汉：武汉大学出版社. 2004.
[3] 杨大翔. 遗传学实验 [M]. 第二版. 北京：科学出版社 [M]. 2010.

实验九　果蝇唾腺染色体的压片与观察

【实验目的】

1. 掌握果蝇唾腺的分离技术和制作唾腺染色体标本的技术方法。
2. 观察并掌握唾腺染色体的特征，了解其形成的机制。
3. 学习绘制多线染色体图。

【实验原理】

双翅目类昆虫幼虫期的唾腺染色体很大，长度约为 2000μm，相当于普通染色体的 100～150 倍。唾腺染色体经过多次复制而不分开，大约有 1000～4000 根染色体丝的拷贝，又称多线染色体，经染色后出现深浅不同、疏密不同的横纹。果蝇 4 对唾腺染色体上已确定了 6000 多条染色带，它们宽窄、疏密、顺序、数目恒定，有种的特异性，同种个体的染色体带型是相同的，不同的种则不一样，因此果蝇多线染色体可以建立染色带及间带分布图，它们的表现和遗传学图大致平行，多数遗传学家认为这些横纹与基因有对应关系，所以果蝇唾腺染色体是研究染色体结构畸变、基因定位及基因表达（mRNA 合成）的良好材料。

【实验材料】

果蝇的三龄幼虫。

【实验器具及试剂】

1. 实验用具

显微镜、双目解剖镜、玻片、刀片、镊子、解剖针、酒精灯、培养皿、烧杯。

2. 实验试剂

1‰醋酸洋红或改良苯酚品红、0.7％生理盐水、石蜡、1mol/L HCl。

【实验方法及步骤】

1. 实验准备

实验前 6、7d 在培养瓶中引入果蝇 6 对，实验前移出成虫（以后如子代有羽化成虫时，隔 1～2d 移出一次），酵母粉可隔几天补充一点，幼虫密度较小和营养丰富条件下易获得唾液腺较大的幼虫（图 9-1）。15～18℃温度下培养，或培养在20～25℃下。

2. 唾腺剖取

选取果蝇三龄幼虫放在载片上，加一滴 0.7％生理盐水，幼虫以体型大、虫龄长的为好。将载片置双筒解剖镜下，因为虫体乳白色半透明，应使用解剖镜黑色载物台一面，利于观察操作。解剖针不宜过于尖锐，避免用力时刺破头部，拉不出唾腺，反而不便第二次拉取了。左手持解剖针按在虫体后 1/3 处，右手持解

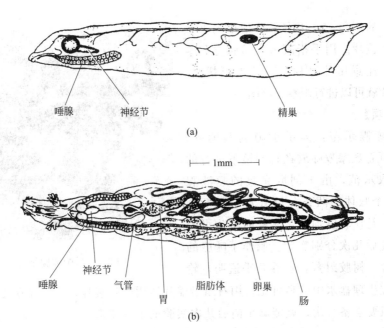

图 9-1 果蝇幼虫解剖图（引自张文霞 2007）
(a) 雄性幼虫，侧面图；(b) 雌性幼虫，背腹剖面观

剖针按在头部黑点状口器的后侧，下按不宜太重，主要是平稳往外用力拉，撕下头部并带出唾腺，它是位于消化道前端两侧的两个半透明的长囊状腺体。如唾腺被拉断或未被拉出，可用解剖针在虫体前部 1/3 处向前轻压出来。如学生辨认感到实在困难，也可滴一滴染色液，稍待几分钟在低倍显微镜下可看到较大型的细胞和核，染色时间稍长些还可看到盘曲在圆型核内的带状多线染色体，再结合唾腺外观长囊形，便可辨认。

3. 解离

在唾腺上加一滴 1mol/L HCl，处理 3min，这样黏附在唾腺上的脂肪体容易剔除，也有利于细胞分离和染色体伸展。之后反复用清水把 HCl 洗净，以免影响染色。

4. 染色

改良苯酚品红或醋酸洋红染色液均可。使用时，染色 20～30min，注意根据情况滴加染色液，勿使干燥。

5. 压片

加上盖片，在酒精灯上微热几次，覆上吸水纸，用解剖针柄轻敲几下，再以拇指垂直向下压片，用力力度可以试着掌握，以细胞核被压破，染色体伸展而不破碎为限。为了避免一次压片失败又需重新剖取和染色，可将两条染色的唾腺用解剖针分成 4 份分装在几个载片上。压片后在低倍显微镜下检查，如染色体已破碎就需要重新压制；如核未破，染色体仍包裹核内，可重新用力压片或用左手拇指、食指按住盖片的两角，再用右手食指指端垂直向下敲击盖片。用手指敲击容易感觉和掌握力度。注意压片过程中盖片不可搓动。制好装片就可以进行观察了（图9-2）。

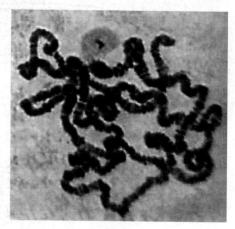

图9-2 果蝇唾腺染色体

【注意事项】

1. 唾腺示范：为了正确剥取唾腺，实验者可先观摩教师放在解剖镜下进行的唾腺剥取示范，由于剖取完整的唾液腺（包括两个腺体、两条分泌管及它们汇合的总管）是比较麻烦的，实验时学生可分成几组先后几次分别实验。制作了唾腺的永久制片，树胶封藏，唾腺几乎透明，轮廓不如在生理盐水中清晰可见。用石蜡沿盖片四周密封装片，可以保存几个星期以上，只要准备一次，就能满足前后几次实验的示范要求。

2. 白色的脂肪体应去除干净，如不去除，在制片时会在载体上形成大量的脂肪滴从而影响制片的质量。

3. 在染色前，应把唾腺周围的水分用吸水纸吸净，在吸水时一定要小心，应在解剖镜下操作，不要将已剥好的唾腺吸走。

【作业及思考题】

1. 根据你所学的知识，联会出现在什么类型的细胞中？

2. 利用巨大染色体可以进行哪些遗传学研究？

3. 绘制果蝇唾腺染色体图。

【参考文献】

[1] 张贵友，吴琼，林琳. 普通遗传学实验指导［M］. 北京：清华大学出版社，2003.
[2] 张文霞，戴灼华. 遗传学实验指导［M］. 北京：高等教育出版社，2007.

实验十 人类外周血淋巴细胞培养及染色体制片

【实验目的】

1. 学习人类外周血淋巴细胞的培养方法。

2. 掌握染色体标本的制备技术。

3. 观察染色体的数目以及形态特征。

【实验原理】

在正常情况下哺乳动物的外周血中是没有分裂细胞的，只有在异常的情况下才能发现。低等动物如两栖类的外周血中也只是偶尔能见到分裂细胞。外周血中的小淋巴细胞几乎都是处于 G_1 期或 G_0 期的非增殖状态。

1960 年 Nowell 和 Morhead 实验证实，用来使红细胞凝集从而分离出白细胞的植物血球凝集素（Phytohemagglutinin，PHA），是人和其他动物淋巴细胞有丝分裂的刺激剂。淋巴细胞寿命长，体外培养时经过一定剂量的PHA 刺激，原来处于 G_0 期的 T 淋巴细胞可转化为淋巴母细胞，重新进入增殖周期，进行有丝分裂，因此很适合于离体培养；经过培养以后，可形成体外活跃生长的细胞群体和有丝分裂细胞，用于抗癌研究、艾滋病治疗、新药研制等方面。

人类外周血淋巴细胞培养是最简单的淋巴细胞培养方法。采取微量的外周血，在 PHA 的作用下进行短期培养，便可获得丰富的具有分裂相的淋巴母细胞。用秋水仙素（细胞分裂阻断剂）积累分裂相，可使处在分裂期的淋巴细胞停留在分裂中期或早中期，是观察分析染色体的最佳时期。此时收获的淋巴细胞经过低渗、固定等处理后，通过冰湿滴片法可获得较多的染色体的形态和分散良好的中期分裂相。

外周血培养具有操作简单，用血量少的优点，因此在临床的染色体诊断上是经常使用的一种获得有丝分裂相的方法。其他动物制备染色体时也可以采用这种方法，但应根据对象进行适当的改动。即使是人体的外周血，在培养时也会由于个体差异、培养的条件及操作者本人的经验而又有相当的差异。

【实验材料】

人外周静脉血（肝素抗凝）。

【实验器具及试剂】

1. 实验器具

显微镜、超净工作台、37℃恒温培养箱、酒精灯、无菌注射器（1mL、2mL、5mL）、针头、培养瓶、橡皮塞、75%酒精棉球、止血带、离心机、试管架、标本片架、手术镊子、恒温水浴锅、尖底刻度离心管、吸管、载玻片（用前预先将洁净的载玻片浸入蒸馏水中，放冰箱中冰冻备用）。

2. 实验试剂

（1）培养基

RPMI 1640：按照说明书配制后抽滤、分装，冻存备用。

小牛血清：市售，冰冻保存，用时在 56℃水浴条件下灭活。

PHA：市售，按说明书要求使用。

双抗：青霉素 50000U/mL，链霉素 50000U/mL，均用无菌生理盐水配制，培养液中的终浓度均为 100U/mL。

5%NaHCO₃：高压灭菌。

（2）抗凝剂：肝素生理盐水配成 500U/mL。

（3）秋水仙素：20μg/mL。

（4）低渗溶液：0.075mol/L KCl。

（5）固定液：甲醇：冰醋酸（3：1）。

（6）磷酸缓冲液（PBS）

A 液：Na_2HPO_4 9.465g 溶于蒸馏水中，定容至 1000mL；

B 液：KH_2PO_4 9.07g 溶于蒸馏水中，定容至 1000mL；

临用时取 A 液 40mL，B 液 60mL 混合，pH 值约为 6.64。

（7）Giemsa 原液：配方参见附录 A。

一般刚配制的原液染色效果欠佳，保存时间越长染色效果越好。使用时以原液 10mL 加入 pH 为 6.4~6.8 的磷酸盐缓冲液（PBS）100mL 稀释成工作液。

【实验方法及步骤】

1. 人类外周血淋巴细胞培养

（1）培养液配制（在超净工作台内无菌操作）

每个培养瓶（容积 30mL）中加入 5mL 培养液，其中含：

RPMI 1640　　　　4mL

灭活小牛血清　　　1mL

PHA　　　　　　　2.5mg

青霉素　　　　　　500U

链霉素　　　　　　500U

依次将上述试剂加入培养瓶中，反复吹打使其混合均匀，用 5% $NaHCO_3$ 调节培养基的 pH 值至 7.2~7.4。

（2）血样本的采集

先以碘酒或 75%酒精棉球消毒皮肤。用 2mL 无菌注射器吸取约 0.2mL 肝素，作静脉穿刺，抽取外周静脉血 1mL。转动针筒以混匀肝素。

（3）接种

常规消毒后，立即将针头插入灭菌小瓶内，送入超净工作台，在火焰旁将血液滴入 2~3 个盛有 5mL 培养液的培养瓶内，每瓶 0.2~0.3mL（6 号针头 45 度倾斜，约 20 滴），盖上橡皮塞轻轻摇动以混匀。贴好标签，将培养瓶放在 37℃ 恒温培养箱内静置培养 72h。

2. 人类外周血淋巴细胞染色体的制备

（1）秋水仙素处理

培养至 68h 左右，在火焰保护下向培养液中加适量秋水仙素（用 1mL 注射器，5 号针头），每毫升培养基中加一滴 4μg/mL 的秋水仙素溶液，使其终浓度为 0.05μg/mL 培养基，以使细胞抑止在分裂中期。摇匀后，继续培养 4h 即可进行染色体制片。

（2）离心

从培养箱中取出培养瓶，用吸管充分吹打瓶壁，吸取培养物移入尖底刻度离心管内，1500r/min 离心 10min，吸去上清液，留下沉淀物。

（3）低渗处理

向离心管中加入 5～6mL 预热（37℃）的 0.075mol/L KCl 低渗溶液，用吸管轻轻吹打成细胞悬液后，37℃恒温水浴锅或培养箱静置 15～25min，使白细胞膨胀，染色体分散，红细胞解体。

在整个操作过程中，要注意不要将细胞吸到吸管上部，也不要接触离心管的上部，否则将会丢失许多细胞。

（4）固定

预固定：低渗处理后，向离心管中加入新鲜配制的 1～2mL 固定液进行预固定，以防止低渗处理后的细胞在离心时结团。固定液要沿管壁缓缓加入，然后用吹气的方法混匀，室温下静置 5min。

第一次固定：离心去上清液（离心速度同上）。然后向离心管中加入 0.5mL 左右的固定液，将细胞轻轻吹打成细胞悬液后，加固定液 3～5mL。混匀后固定 15～30min。

第二次固定：离心后去上清液，加固定液 3～5mL，混匀后固定 15～30min。

固定液要新鲜配制，否则将会形成酯类，从而影响固定的效果。

（5）滴片

离心后去上清液，加入新配制的适量固定液，用吸管轻轻吹打细胞团。吸取细胞悬液，在一定高度（约 30～40cm）下垂直滴 2～3 滴（根据细胞悬液的浓度）于冰水预浸泡的洁净载玻片上，立即用口吹散，在酒精灯上过 3～5 次，斜放晾干。

（6）Giemsa 染色

取滴片用约 3mL Giemsa 染液进行扣染。染液为 1/10 的 Giemsa 原液。染色 30min 后，自来水冲洗，晾干。

（7）观察

① 在低倍和中倍镜下，观察分裂相的多少和染色体制片的质量。

② 寻找分散适宜、不重叠、收缩适中、染色体不过度分开，染色体"硬"的分裂相。

③ 观察男性和女性的正常染色体制片，确定其性别。在正常情况下，人的 Y 染色体与 G 组的 2 个染色体相似，借助这一点可根据染色体的形态对性别作出初步的判断。

【注意事项】

1. 培养基的 pH 值应该在 7.2～7.4，低了细胞生长不良，高了细胞则会出现轻度的固缩。

2. 在采血接种培养时，不要加入太多的肝素。肝素太多可能引起溶血、抑制淋巴细胞的转化和分裂。但肝素量也不应太少，以免发生凝血或培养物中出现纤维蛋白形成的膜状结构。这种膜状物一般在培养24h左右出现，此时可在无菌条件下将它除去以免影响培养效果。

3. 培养箱的温度应控制在（37±0.5）℃，温度过高或过低均会影响细胞生长。在普通培养箱内培养时，必须将培养瓶口盖紧，以免培养液的pH值发生较大的变化。如果培养过程中，培养液酸化比较严重（培养液呈黄色）将不利于细胞生长，此时可加入适量无菌的 0.14% $NaHCO_3$ 调整或再加入 2~3mL 培养液来校正。

4. 适量的秋水仙素，适宜的处理时间，是获得良好分裂相的先决条件。这将影响分裂相的多少和染色体的长短。

5. 滴片是制备染色体的最后一步，也是非常关键的一步，首先载玻片要非常干净，否则将会影响染色体的分散和分带的效果。其次，滴片的距离、滴加量的多少、制片的方式都会影响到染色体分散的效果。

【作业及思考题】

1. 在外周血培养过程中，加入植物血凝素的作用是什么？

2. 在染色体制备过程中，秋水仙素和低渗液的作用是什么？

3. 要制备出高质量的人类染色体标本需注意哪些问题？

4. 选择实验者本人的一个有代表性的分裂相，拍照后进行核型分析，并做出核型图。

【参考文献】

[1] 郭善利，刘林德. 遗传学实验教程 [M]. 北京：科学出版社，2004.

[2] 金鹰，唐玫，李国明. 实用淋巴细胞培养技术 [J]. 激光生物学报，2000，9 (1)：75-78.

[3] 卢龙斗，常重杰. 遗传学实验技术 [M]. 北京：科学出版社，2007.

[4] 刘祖洞，江绍慧. 遗传学实验 [M]. 第二版. 北京：高等教育出版社，1987.

[5] 李雅轩，赵昕. 遗传学综合实验 [M]. 北京：科学出版社，2006.

[6] 王金发，戚康标，何炎明. 遗传学实验教程 [M]. 北京：高等教育出版社，2008.

实验十一 人体性染色质体的观察

【实验目的】

1. 了解 X 染色体失活假说及剂量补偿效应的机制。

2. 掌握观察与鉴别性染色质体的方法，识别其形态特征及所在部位。

3. 了解性染色质体的数目与性别及性别畸形的关系，为进一步研究人类染色体的畸变与疾病的关系提供基础方法。

【实验原理】

M. L. Barr 等（1949）在雌猫的神经元细胞核中首次发现一种染色较深的浓缩小体，而在雄猫则没有这种结构。进一步研究发现，其他雌性哺乳动物（包括人类）也同样有这种显示性别差异的结构。而且不仅是神经元细胞，在其他细胞的间期核中也可以见到这一结构。这种正常女性（雌性）间期细胞核中紧贴核膜内缘存在的染色较深，大小约为 $1\mu m$ 的三角形或椭圆形小体，称之为巴氏小体（Barr body），也称为 Barr 小体、X 染色质、性染色质体（sex-chromatin body）（图 11-1）。性染色质体是两个 X 染色体中的一个，在间期时发生异固缩而形成，且通常为失活状态。对性染色质体的研究有助于揭示 X 连锁基因的调控机理和性染色体的进化过程。

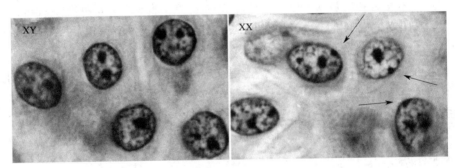

图 11-1　人类性染色质体

由于雌性细胞中两个 X 染色体中的一个发生异固缩（也称为 Lyon 化现象），失去活性，这样保证了雌雄两性细胞中都只有一条 X 染色体保持转录活性，使 X 连锁基因产物的量保持在相同水平上。这种效应称为 X 染色体的剂量补偿。

间期核内性染色质体的数目总是比 X 染色体的数目少 1。正常女性有两条 X 染色体，因此只有一个 X 染色质；若有三条 X 染色体，就会有两个 X 染色质，以此类推。正常男性只有一条 X 染色体，所以没有 X 染色质。

【实验材料】

人体口腔黏膜细胞或毛根鞘细胞。

【实验器具及试剂】

1. 实验器具

显微镜、染色缸、载玻片、盖玻片、一次性压舌板、镊子、解剖针。

2. 实验试剂

甲醇、冰醋酸、50%、70%、95%乙醇、无水乙醇、50%醋酸溶液、5mol/L 盐酸、卡宝品红染液或硫堇染液。

【实验方法及步骤】

1. 取材及制片

(1) 口腔黏膜细胞

受检者用水漱口数次以除去口腔内杂物，用一次性压舌板轻刮受检者口腔颊部黏膜1～2次，将刮取物在载玻片中央涂片，晾干或用酒精灯外焰轻轻烤干，注意不可烤太久，在涂片一面做适当标记。

(2) 毛根鞘细胞

取受检者带毛根鞘的毛发一根，置于一张干净的载玻片上，在毛根处加一滴50％醋酸溶液，静置5min，待毛发软化后，用干净解剖针将毛根鞘组织与毛干脱离，并将毛根鞘组织分散均匀，晾干。

2. 将制片置甲醇-冰醋酸（3：1）固定液中固定20min。

3. 将载玻片依次放入95％、70％、50％乙醇及蒸馏水中，每次2～3min。

4. 制片置5mol/L盐酸中水解约5s，立即用蒸馏水漂洗2～3次，每次10～15s。

5. 用卡宝品红染液或硫堇染液染色10～15min，蒸馏水漂洗后晾干。

6. 镜检，如染色太深可用95％乙醇处理30s左右，如染色太浅可继续用甲苯胺蓝染色液染色。

【注意事项】

1. 受检者如果以口腔黏膜细胞为材料，务必将口腔漱干净，以免杂物影响观察效果。

2. 压舌板刮取应小心谨慎，避免刮伤口腔，不必太用力即可获得细胞。

【作业及思考题】

1. 分别观察男女各50个可数细胞，计算视野中显示性染色质体所占百分比。

2. 选则4～5个典型细胞，绘出观察到的性染色质体在显微镜下的示意图。

3. 性染色质体的鉴别在医学中有哪些应用价值？

【参考文献】

[1] 王建波，方呈祥，鄢慧民，章志宏. 遗传学实验教程 [M]. 武汉：武汉大学出版社，2004.
[2] 姚志刚，赵凤娟. 遗传学 [M]. 北京：化学工业出版社，2011.

三、微生物遗传学实验

实验十二 粗糙脉孢霉的杂交

【实验目的】

1. 学习脉孢霉培养基配制及菌种培养方法。

2．掌握脉孢霉杂交的方法。

3．掌握有关四分子分析及基因与着丝粒距离的计算和作图方法。

【实验原理】

脉孢霉（*Neurospora crassa*）属真菌类，染色体为单倍体，繁殖方式有无性繁殖和有性繁殖。无性繁殖是由营养体菌丝或分生孢子经有丝分裂直接发育成菌丝体，并产生大量的分生孢子。有性生殖需要两个不同结合型的脉孢霉。在有性生殖时，菌丝体顶端的分生孢子基部先长出一个原子囊果，类似高等植物的性器官。原子囊果能够接受来自不同品系菌丝体上的分生孢子，使原来 n 倍的原子囊果就变成了 $2n$ 的子囊果。这个 2 倍体的合子经过减数分裂形成 4 个子细胞，每个子细胞又经过一次有丝分裂，使原来的 4 个细胞变成 8 个细胞，这 8 个细胞进一步发育成 8 个子囊孢子并排列在一个子囊中，它们是一次减数分裂和一次有丝分裂的产物（图 12-1）。

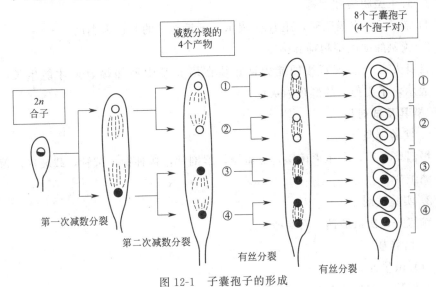

图 12-1　子囊孢子的形成

脉孢霉有性杂交试验选用的两个结合型性状不同，即子囊孢子的颜色或黑或灰，这是由一对等位基因控制的。子囊中的子囊孢子有 4 个是黑的（＋），4 个是灰的（－）。黑的子囊孢子是野生型；赖氨酸缺陷型孢子成熟迟，所以是灰色的。根据黑色孢子和灰色孢子在子囊中的排列顺序，可以直接观察到 6 种排列顺序。

$$
\begin{array}{ll}
(1)\ +\ +\ +\ +\ -\ -\ -\ - & \left.\vphantom{\begin{array}{c}1\\2\end{array}}\right\}\text{第一次分裂分离} \\
(2)\ -\ -\ -\ -\ +\ +\ +\ + &
\end{array}
$$

$$
\begin{array}{ll}
(3)\ +\ +\ -\ -\ +\ +\ -\ - & \\
(4)\ -\ -\ +\ +\ -\ -\ +\ + & \left.\vphantom{\begin{array}{c}1\\2\\3\\4\end{array}}\right\}\text{第二次分裂分离} \\
(5)\ +\ +\ -\ -\ -\ -\ +\ + & \\
(6)\ -\ -\ +\ +\ +\ +\ -\ - &
\end{array}
$$

杂交后产生交换型和非交换型子囊。由第一次分裂分离形成的子囊为非交换型子囊，第二次分裂分离形成的子囊为交换型子囊。交换型子囊的出现，是由于基因与着丝点之间发生了一次交换，因而第二次分裂分离的子囊数量愈多，表明该基因和着丝粒的距离愈远。由于交换只发生在二价体的 4 条染色单体中的 2 条之间，每发生一次交换，便产生一个第二次分裂分离子囊，所以交换型子囊中仅有一半子囊孢子属于重组类型，因此必须将第二次分裂分离子囊的百分率除以 2，就是基因与着丝粒间的重组值，计算公式如下：

$$着丝粒和基因间的重组值 = \frac{第二次分裂分离子囊数}{子囊总数} \times \frac{1}{2} \times 100\%$$

$$基因与着丝粒之间的距离 = \frac{第二次分裂分离子囊数}{子囊总数} \times \frac{1}{2} \times 100 \text{ 图距单位}$$

【实验材料】

1. 野生型粗糙脉孢霉

自身可以合成赖氨酸，用 lys^+ 表示，子囊孢子的颜色为黑色。

2. 赖氨酸缺陷型粗糙脉孢霉

自身失去合成赖氨酸的能力，必须在培养基中添加赖氨酸才能生长，用 lys^- 表示，子囊孢子的颜色为灰色。

【实验器具及试剂】

1. 实验器具

恒温培养箱，高压灭菌锅，显微镜，解剖针，接种针，试管，载玻片，盖玻片，滤纸片。

2. 实验试剂

赖氨酸，次氯酸钠，石炭酸。

3. 培养基

（1）微量元素溶液

柠檬酸·$2H_2O$ 5.0g，$ZnSO_4 \cdot 7H_2O$ 5.0g，$Fe(NH_4)_2(SO_4)_2 \cdot 6H_2O$ 1.0g，$CuSO_4 \cdot 5H_2O$ 0.25g，$MnSO_4 \cdot H_2O$ 0.05g，H_3BO_3 0.05g，$Na_2MoO_4 \cdot 2H_2O$ 0.05g，加蒸馏水至 100mL。

（2）基础培养基

柠檬酸·$2H_2O$（$Na_3C_6H_5O_7 \cdot 2H_2O$） 125g，$KH_2PO_4$ 250g，NH_4NO_3 100g，$MgSO_4 \cdot 7H_2O$ 10g，$CaCl_2 \cdot 2H_2O$ 5g，微量元素溶液 5.0mL，生物素溶液（5mg/100mL） 5.0mL，蔗糖 15.0g，琼脂 15.0g，氯仿 2～3mL，加蒸馏水至 1000mL。

（3）补充培养基

在基本培养基上补加一种或多种生长物质，如氨基酸、核酸碱基、维生素等。本实验中赖氨酸的用量为 10mg/100mL。

（4）杂交培养基

KH_2PO_4 1.0g，$MgSO_4 \cdot 7H_2O$ 0.5g，KNO_3 1.0g，NaCl 0.1g，$CaCl_2 \cdot 2H_2O$ 0.13g，微量元素溶液 1.0mL，生物素溶液（5mg/100mL）0.4mL，蔗糖 20.0g，琼脂 15.0g，加蒸馏水至 1000mL。

【实验方法及步骤】

1. 配制菌种活化培养基

基本培养基（供 lys⁺ 活化用）、补充培养基（供 lys⁻ 活化用）、杂交培养基。

2. 菌种活化

从冰箱中取出低温保存的 lys⁺ 和 lys⁻ 菌种，在无菌条件下把 lys⁺ 接种在活化基本培养基上；把接 lys⁻ 接种在补充培养基上。接种后将试管放在 25℃ 条件下培养 5～6d，直至试管中长出许多菌丝，并且有大量的分生孢子产生。菌种活化不要时间过长，否则菌丝和分生孢子老化，影响杂交成功率。

3. 杂交与培养

将活化的两种菌种（lys⁺ 和 lys⁻）的菌丝体或分生孢子同时接种到杂交培养基上，25℃ 下恒温培养。培养两周后，便有黑色颗粒状子囊果出现，但还没有完全成熟。培养到三周左右时，子囊果基本成熟，可以进行观察。

4. 显微镜观察与分析

（1）先在长有子囊果的试管中加入少量无菌水充分摇动，将分生孢子混合在水中。把水倒入烧杯中加热煮沸，防止分生孢子飞扬。

（2）用接种针挑选个大、饱满的子囊果放在载玻片上，滴加一滴 5% 次氯酸钠溶液浸泡 2min 左右，盖上另一盖玻片。次氯酸钠的作用主要是对子囊果果壁起腐蚀作用，以便将子囊果压破，可观察到每个子囊果含 30～40 个子囊，像一

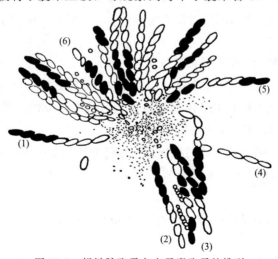

图 12-2　粗糙脉孢霉杂交子囊孢子的排列

串香蕉一样（图 12-2）。压片时用力不宜过大，因为一次分裂产生的 8 个子囊孢子顺序地排列在一个子囊中，观察时要以子囊为单位进行统计。若用力过大，8 个子囊孢子被压出子囊都分散开了，不利于观察。

（3）试验结果的统计与分析

借助显微镜观察 8 核子囊中黑、灰子囊孢子的排列顺序。根据子囊孢子的 6 种类型排列顺序进行观察、分类和统计。观察到的子囊类型和数目填入表 12-1 中（观察总数不少于 100 个）。应用着丝点作图原理，对统计结果进行计算分析，求得交换值和图距，绘制染色体连锁图。

表 12-1　脉孢霉杂交子囊类型与数量统计表

子囊类型	孢子排列方式	观察数	合计
第一次分裂分离	(1)＋＋＋＋———— (2)————＋＋＋＋		
第二次分裂分离	(3)＋＋——＋＋—— (4)——＋＋——＋＋ (5)＋＋————＋＋ (6)——＋＋＋＋——		

5. 计算 Lys 基因与着丝粒的遗传距离。

【注意事项】

1. 赖氨酸缺陷型的子囊孢子成熟较迟，当野生型的子囊孢子已成熟而呈黑色时，赖氨酸缺陷型的子囊孢子还呈灰色，因而我们能在显微镜下直接观察不同的子囊类型。但是如果观察时间选择不当，就不能看到好的结果。过早，所有的子囊孢子都未成熟，全为灰色；过迟，赖氨酸缺陷型的子囊孢子也成熟了，全为黑色，就不能分清各种子囊类型。所以在子囊果形成期间，要预先观察子囊孢子的成熟情况，选择适当时间进行显微镜观察。若需保存，则置于 4~5℃ 冰箱中，可保存 3~4 周。

2. 有时观察到的子囊孢子的排列为＋＋＋＋＋＋——，＋＋——————，＋＋＋＋＋————，————＋＋＋＋，即为 6∶2 或 2∶6 的分离比和 5∶3 或 3∶5 的分离比。这样的情况的出现是由于基因突变造成的。基因突变的频率因基因位点不同而异，但一般在 1％ 左右。

3. 培养用的试管、观察过的载玻片、用过的镊子和解剖针等物都需放入 5％ 石炭酸中浸泡后洗净，以防止污染实验室。

【作业及思考题】

1. 观察一定数目的子囊果，记录每个完整子囊类型，计算 Lys 基因的着丝粒距离。

2. 脉孢霉的分离现象与高等植物有何不同？

【参考文献】

[1] 刘祖洞，江绍慧. 遗传学实验［M］. 第二版. 北京：高等教育出版社，1987.
[2] 王建波，方呈祥，鄢慧民，章志宏. 遗传学实验教程［M］. 武汉：武汉大学出版社，2004.
[3] 杨大翔. 遗传学实验［M］. 第二版. 北京：科学出版社，2010.

实验十三 *E. coli* 的杂交

【实验目的】

1. 了解大肠杆菌有性杂交的原理及其基因在染色体上的排列方式。
2. 掌握大肠杆菌接合原理与方法。

【实验原理】

大肠杆菌的杂交试验中发现有些菌株经混合培养能得到重组子，有些却不能。1952 年 Hayes 做了一个实验，他所用的两个菌株是菌株 A 和菌株 B。菌株 A 是不能合成甲硫氨酸和生物素；菌株 B 是苏氨酸、亮氨酸和维生素 B_1 的三重缺陷型。Hayes 首先筛选链霉素抗性突变型 AS^r 和 BS^r，然后在不含链霉素的基本培养基上进行正反杂交，结果没有不同，但在含链霉素的基本培养基上进行正反杂交，结果却不一样，在 $AS^s \times BS^r$ 杂交中能得到重组子，可是 $AS^r \times BS^s$ 杂交中却并不出现重组菌落。这一现象说明大肠杆菌中有不同的"性"。大肠杆菌的杂交与致育因子即 F 因子有关。F 因子有两种状态——游离状态和整合状态（F 因子插入到染色体的一定位置上，所以 F 因子是附加体），前者称 F^+ 菌株，后者称为高频重组或 Hfr 菌株，没有 F 因子的细菌称为 F^- 菌株（图 13-1）。F^+ 菌株和 Hfr 菌株都能与 F^- 菌株进行杂交，但重组频率不同，Hfr 比 F^+ 高 1000 倍。在大肠杆菌的接合中，F^+ 和 Hfr 是供体菌，而 F^- 是受体菌。在 F^+ 与 F^-

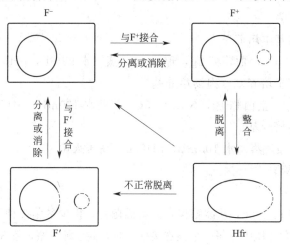

图 13-1　F 因子的各种状态

杂交中，F 因子由 F⁺ 供体转移到 F⁻ 受体，大部分受体变为 F⁺。在 Hfr 与 F⁻ 杂交中，Hfr 供体的染色体由原点开始转移进入受体菌，但 F 因子在最后，一般不能转移进入受体，所以受体仍为 F⁻。杂交实验有各种不同方法，这里介绍的是直接混合培养和液体培养。直接混合培养法操作简单，适用于确定两个菌株间能否杂交或测定重组频率的高低；而液体培养适宜于细菌的基因定位。

【实验材料】

大肠杆菌（*Escherichia coli* K12）的四个菌株：

K12 Pro（λ）F⁺；

W1485 His Ilv F⁺；

W1177 Thr Leu thi xyl Gal ara mtl mal lac str^r（λ）F⁻；

Hfr C Met Trp。

注：Pro：脯氨酸；（λ）：原噬菌体整合在染色体上；His：组氨酸；Ilv：异亮氨酸缬氨酸；Thr：苏氨酸；Leu：亮氨酸；thi：维生素 B₁；xyl：木糖；Gal：半乳糖；ara：阿拉伯糖；mtl：甘露醇；mal：麦芽糖；lac：乳糖；str^r：链霉素抗性；Met：甲硫氨酸；Trp：色氨酸。

【实验器具及试剂】

1. 实验器具

灭菌培养皿，灭菌三角瓶，灭菌吸管，灭菌离心管，灭菌空试管，摇床，酒精灯，接种环。

2. 培养基

（1）基本培养基

Vogel 50 × 2mL，MgSO₄·7H₂O 10g，柠檬酸 100g，NaNH₄ HPO₄·4H₂O 175g，K₂HPO₄ 500g（K₂HPO₄·3H₂O 644g），蒸馏水定容 1000mL，pH7.0，高压灭菌。

（2）平板用基本培养基

Vogel 50×2mL，葡萄糖 2g，琼脂 2g，蒸馏水 98mL，pH7.0，高压灭菌。

（3）液体完全培养基（肉汤培养基）

牛肉膏 0.5g，蛋白胨 1g，NaCl 0.5g，蒸馏水 100mL，pH7.2，高压灭菌。

（4）半固体培养基

琼脂 0.7～1g，蒸馏水 100mL，pH7.0，高压灭菌。

【实验方法及步骤】

1. 菌液制备

（1）实验前 14～16h，从冰箱保存的斜面菌种，挑少量菌接种于盛有 5mL 完全液体培养基的三角烧瓶中；每一个菌株接种一瓶，共接种 4 瓶，置 37℃培养过夜。

（2）取出培养过夜的细菌，在一瓶 W1177 菌液中加入 5mL 新鲜的完全培养液，充分摇匀，等量分成 2 瓶；其余 3 瓶菌液分别用灭菌的 5mL 吸管，各吸出 2.5mL 菌液，然后再各加入 2.5mL 新鲜的完全培养液，充分摇匀，各菌于 37℃ 继续培养 3~5h。

（3）自温箱取出三角烧瓶，分别倒入离心管，菌株 W1177 倒两支离心管，其余菌株各倒入一离心管，离心沉淀，3500r/min，离心 10min。

（4）倒去上清液，打匀沉淀，加入无菌水，离心洗涤 3 次，再加无菌水到原体积。

2. 杂交——混合培养

（1）取 12 支灭菌试管，每支吸入 3mL 经融化的半固体培养基，并保温在 45℃。

（2）12 支试管分成三个杂交组合，即 W1177×K12pro；W1177×W1485；W1177×HfrC。每个组合各 4 支试管，其中 2 支对照，2 支混合菌液。

（3）对照组试管各吸 F+ 或 Hfr 供体菌菌液 1mL，其余根据杂交组合分别吸供体菌和受体菌菌液 0.5mL，充分混匀。

（4）将各试管中含菌的半固体倒在有 Vogel 培养基底层的平板上，摇匀待凝，放 37℃ 培养，48h 后观察记录，具体的设计和数据记录参见表 13-1。

表 13-1 大肠杆菌有性杂交的实验设计

不同组合产生的重组子数				对照		
皿号	W1177×K12pro	W1177×W1485	W1177×HfrC	皿号	K12pro	W1485	HfrC
I				I			
II				II			

【作业及思考题】

1. 什么是高频重组品系？

2. 如何证明细菌重组是由杂交产生的？

3. 如何证明细菌的接合是异宗配合？

4. 在杂交中，为什么杂交液中受体菌的浓度远大于供体菌的浓度？

【参考文献】

[1] 郭善利，刘林德. 遗传学实验教程 [M]. 北京：科学出版社，2004.
[2] 张根发. 遗传学实验 [M]. 北京：北京师范大学出版社，2010.
[3] 祝水金. 遗传学实验指导 [M]. 北京：中国农业出版社，2005.

实验十四 *E. coli* 营养缺陷型菌株的诱发和筛选

【实验目的】

1. 了解物理、化学因素（主要是紫外线和亚硝酸）的诱变原理。

2. 掌握紫外线、亚硝酸诱变的一般方法。

3. 掌握微生物营养缺陷型突变株的筛选方法。

【实验原理】

突变可自发产生，也可诱变产生，如果突变后丧失合成某一物质（如氨基酸、维生素、核苷酸等）的能力，不能在基本培养基上生长，必须补充某些物质才能生长，称为营养缺陷型。实验室获得营养缺陷型菌株通过经过以下几个步骤：诱变处理、突变型筛选、缺陷型检出、缺陷型鉴定。

诱发突变的因素一般分为化学和物理因素。诱变处理必须选择合适的剂量，不同微生物的最适处理剂量不同，须经预备实验确定。物理诱变的相对剂量与三个因素有关：诱变源和处理微生物的距离、诱变源（紫外灯）功率、处理时间，往往通过处理时间控制诱变剂量。紫外线是一种常用的具诱变作用的物理因素，紫外线诱变最有效的波长为 260nm，它主要能使 DNA 链中两个相邻的嘧啶核苷酸，形成二聚体而影响 DNA 正常复制，从而造成基因突变。化学诱变剂的剂量也常以相对剂量表示。相对剂量与三个因素有关：诱变剂浓度、处理温度和处理时间。一般通过处理时间来控制剂量，在处理前对诱变剂和菌液分别预热，当二者混合后即可计算处理时间，可精确控制处理剂量。亚硝酸可使胞嘧啶、腺嘌呤和鸟嘌呤发生氧化脱氨作用，从而在 DNA 复制中产生影响，使碱基发生转换。

胸嘧啶二聚体（TT）

经处理以后的细菌，缺陷型所占的比例还是相当小，必须设法淘汰野生型细胞，提高营养缺陷型细胞所占比例，浓缩营养缺陷型细胞。浓缩的方法有多种，细菌中常用的浓缩法是青霉素法。青霉素是杀菌剂，只杀死生长细胞，对不生长的细胞没有致死作用。所以在含有青霉素的基本培养基中野生型能生长而被杀死，缺陷型不能生长，可被保存得以浓缩。

检出缺陷型的方法有逐个测定法、夹层培养法、限量补给法、影印培养法。这里主要以逐个测定法为例进行说明。把经过浓缩的缺陷型菌液接种在完全培养基上，待长出菌落后将每一菌落分别接种在基本培养基和完全培养基上。凡是在基本培养基上不能生长而在完全培养基上能长的菌落就是营养缺陷型。经初步确定为营养缺陷型的菌株用生长谱法进行鉴定。在同一培养皿上测定一个缺陷型对多种化合物的需要情况。

【实验材料】

大肠杆菌（$E.coli$）。

【实验器具及试剂】

1. 实验器具

无菌培养皿、无菌吸管、无菌三角玻棒、接种环、记号笔、火柴、水浴锅、酒精灯、紫外灯、无菌锅、黑纸、牙签等。

2. 培养基和试剂

（1）肉汤液体培养基：牛肉膏 0.5g，蛋白胨 1g，NaCl 0.5g，蒸馏水 100mL，pH7.2，高压灭菌。

（2）加倍肉汤液体培养基（ZE）：牛肉膏 0.5g，蛋白胨 1g，NaCl 0.5g，蒸馏水 50mL，pH7.2，高压灭菌。

（3）基本液体培养基：Vogel 50 × 2mL，葡萄糖 2g，蒸馏水 98mL，pH7.0，高压灭菌。

（4）基本固体培养基：基本液体培养基 100mL，琼脂 2g，pH7.0，高压灭菌。

（5）无 N 基本液体培养基：K_2HPO_4 0.7g（或 $K_2HPO_4 \cdot 3H_2O$ 0.92g），KH_2PO_4 0.3g，柠檬酸钠·$3H_2O$ 0.5g，$MgSO_4 \cdot 7H_2O$ 0.01g，葡萄糖 2g，蒸馏水 100mL，pH7.0，高压灭菌。

（6）2N 基本液体培养基：K_2HPO_4 0.7g（或 $K_2HPO_4 \cdot 3H_2O$ 0.92g），KH_2PO_4 0.3g，柠檬酸钠·$3H_2O$ 0.5g，$MgSO_4 \cdot 7H_2O$ 0.01g，$(NH_4)_2SO_4$ 0.2g，葡萄糖 2g，蒸馏水 100mL，pH7.0，高压灭菌。

（7）混合氨基酸和混合维生素及核苷酸的配制：氨基酸（包括核苷酸）分 7 组（Ⅰ～Ⅶ），其中 6 组（Ⅰ～Ⅵ）每组有 6 种氨基酸（包括核苷酸），每种氨基酸（包括核苷酸）等量研细充分混合。第 7 组是脯氨酸，因为这种氨基酸容易潮解，所以单独成一组。

Ⅰ.赖氨酸、精氨酸、甲硫氨酸、半胱氨酸、胱氨酸、嘌呤

Ⅱ.组氨酸、精氨酸、苏氨酸、谷氨酸、天冬氨酸（或甘氨酸）、嘧啶

Ⅲ.丙氨酸、甲硫氨酸、苏氨酸、羟脯氨酸、甘氨酸、丝氨酸

Ⅳ.亮氨酸、半胱氨酸、谷氨酸、羟脯氨酸、异亮氨酸、缬氨酸

Ⅴ.苯丙氨酸、胱氨酸、天冬氨酸、甘氨酸、异亮氨酸、酪氨酸

Ⅵ.色氨酸、嘌呤、嘧啶、丝氨酸、缬氨酸、酪氨酸

Ⅶ.脯氨酸

混合维生素：把硫胺素、核黄素、吡哆醇、泛酸、对氨基苯甲酸、烟碱酸及生物素等量研细，充分混合即可。

（8）生理盐水：NaCl 0.85g，蒸馏水 100mL，高压灭菌。

【实验步骤】

1. 菌液制备

（1）菌体的活化与培养

实验前 14～16h，挑取少量 K12SF⁺菌，接种于盛有 5mL 肉汤培养液的三角瓶中，37℃培养过夜。第二天添加 5mL 新鲜的肉汤培养液，充分混匀后，分装成两只三角瓶，继续培养 5h。

（2）收集菌体

将两只三角瓶的菌液分别倒入离心管中，3500r/min 离心 10min，弃去上清液，打匀沉淀，其中一只离心管吸入 5mL 生理盐水，然后倒入另一离心管，两管并成一管。

2. 诱变处理

（1）紫外线诱变法

① 处理前先开紫外灯（15W）稳定 30min。

② 吸取菌液 3mL 于培养皿内，置于紫外灯下，距灯管 28.5cm 处；先连盖在紫外灯下灭菌 1min，然后开盖处理 1min（处理时间依 70％的杀菌率而定）；照射后先盖上皿盖，再关紫外灯。

③ 吸取 3mL 加倍肉汤培养液，注入处理后的培养皿中，37℃恒温箱内避光培养 12h 以上。

（2）亚硝酸诱变法

① 吸取菌液 1mL 于离心管中，冰冻 1h，制成静止细胞。

② 加入 5mL 醋酸缓冲液（pH＝4.0），再加入 13.8mg 亚硝酸钠，于 37℃下诱变处理 5～8min。

③ 加入 0.1mol/L NaOH 中和至 pH＝7.0，中止亚硝酸作用。

3. 突变型的筛选与检出

（1）青霉素法淘汰野生型

① 吸取 5mL 处理菌液于灭菌离心管中，3500r/min 离心 10min。

② 弃上清液，加入生理盐水，打匀沉淀，离心洗涤三次，加生理盐水至原体积。

③ 吸取菌液 0.1mL 于 5mL 无 N 基本培养液中，37℃培养 12h。

④ 加入等体积 2N 基本培养液，加入青霉素钠盐使最终浓度约为 1000 单位/mL，置 37℃恒温箱中培养。

⑤ 培养 12h、16h、22h 时各分别取菌液 0.1mL，倒入两个灭菌的培养皿中，再分别倒入经融化并冷却至 40～50℃的基本及完全培养基中，摇匀放平，待凝固后，置 37℃恒温箱中培养（在培养皿上注明取样时间）。

（2）逐个测定法检出营养缺陷型

① 以上平板培养 36～48h 后，进行菌落计数。选用完全培养基上长出的菌落数大大超过基本培养基的那一组，用接种针挑取完全培养基上长出的菌落 80 个，分别点种于基本培养基与完全培养基平板上，先点种基本培养基，后点种完全培养基，置于 37℃ 恒温箱中培养。

② 培养 12h 后，选在基本培养基上不生长，而在完全培养基上生长的菌落，再在基本培养基的平板上划线，置于 37℃ 恒温箱培养。24h 后不生长的可能是营养缺陷型。

4. 缺陷型的检出

（1）以上平板培养 36～48h 后，进行菌落计数。选用完全培养基上长出的菌落数大大超过基本培养基的那一组，用接种针挑取完全培养基上长出的菌落 80 个，分别点种于基本培养基与完全培养基平板上，先基本培养基后完全培养基，依次点种，放 37℃ 温箱培养。

（2）培养 12h 后，选在基本培养基上不生长、而在完全培养基上生长的菌落，再在基本培养基的平板上划线，37℃ 温箱培养，24h 后不生长的可能是营养缺陷型。

5. 生长谱鉴定

（1）突变菌株的培养与收集

① 将可能是缺陷型的菌落接种于盛有 5mL 肉汤培养液的离心管中，37℃ 培养 14～16h。

② 培养后，3500r/min 离心 10min，倒去上清液，加生理盐水，打匀沉淀，然后离心洗涤 3 次，最后加生理盐水到原体积。

（2）营养缺陷型的鉴定

① 吸取经离心洗涤的菌液 1mL 注入一个灭菌的培养皿中，然后倒入融化冷却至 40～50℃ 的基本培养基中，摇匀放平，待凝固，共做两只培养皿。

② 将两只培养皿底等分 8 格并标记（图 14-1），依次放入混合氨基酸（包括核苷酸）、混合维生素和脯氨酸（加量要很少，否则会抑制菌的生长），然后置于 37℃ 恒温箱培养 24～48h，观察生长圈，当某一格内出现圆形混浊的生长圈时，即说明是某一氨基酸、维生素或核苷酸的缺陷型。

【注意事项】

1. 皮肤曝露在紫外线下可致皮肤癌；眼睛最易受到紫外线损伤，导致短期甚至永久失明。因此，操作时要有相应的防护措施。

2. 亚硝酸也是较强致癌物质，请注意安全与环境保护。

3. 各种器具、培养基及直接加入培养基中的试剂均需灭菌。

【实验结果】

1. 诱变处理的记录

取样时间 培养基	菌落数		
	12h	16h	22h
[+]			
[-]			

2. 生长谱鉴定的记录

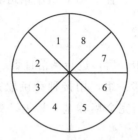

图 14-1　生长谱鉴定用平皿底部示意图

【作业及思考题】

1. 在诱变以前为什么要把大肠杆菌置于基本培养基中培养？

2. 紫外线处理后的菌液为什么要避光培养？

【参考文献】

[1]　舒海燕，田保明. 遗传学实验 [M]. 郑州：郑州大学出版社，2008.

[2]　王建波. 遗传学实验教程 [M]. 武汉：武汉大学出版社，2004.

[3]　张根发. 遗传学实验 [M]. 北京：北京师范大学出版社，2010.

[4]　祝水金. 遗传学实验指导 [M]. 北京：中国农业出版社，2005.

[5]　郭善利，刘林德. 遗传学实验教程 [M]. 北京：科学出版社，2004.

四、数量和群体遗传学实验

实验十五　血型的遗传分析

【实验目的】

1. 学会 ABO 血型的鉴定方法，掌握血型鉴定原理。

2. 掌握应用 Hardy-Weinberg 遗传平衡定律进行数据统计与分析的方法。

【实验原理】

ABO 血型根据红细胞表面的抗原类型分为四种：A 型、B 型、AB 型和 O 型。A 型红细胞表面具有 A 凝集原，血清中具有抗 B 凝集素；B 型红细胞表面有 B 凝集原，血清中有抗 A 凝集素；AB 型红细胞表面 A、B 两种凝集原都有，其血清中无抗 A、抗 B 凝集素；O 型红细胞表面 A、B 两种凝集原皆无，其血清中抗 A、抗 B 凝集素皆有。具有凝集原 A 的红细胞可被抗 A 凝集素凝集；抗 B 凝集素可使含凝集原 B 的红细胞发生凝集。一般 A 型标准血清中含有抗 B 凝集素，B 型标准血清中含有抗 A 凝集素，因此可以用标准血清中的凝集素与被测者红细胞反应，以确定其血型。若某种血液红细胞在 A 型标准血清中发生凝集反应、在 B 型标准血清中不发生凝集反应者为 B 型，反之为 A 型，在两种这都发生凝集反应者为 AB 型，在两者中都不发生凝集反应者为 O 型。

群体遗传学已证实，在随机婚配的理想群体中，人类 ABO 血型遗传符合 Hardy-Weinberg 遗传平衡定律。ABO 血型由三个复等位基因 I^A、I^B、i 控制，在平衡群体中基因频率及基因型频率由下列三项式所决定：

$$[p(I^A)+q(I^B)+r(i)]^2 = p^2(I^AI^A)+q^2(I^BI^B)+r^2(ii)+2pq(I^AI^B)+$$
$$2pr(I^Ai)+2qr(I^Bi)$$

由表型频率推知基因频率，假定 $\overline{A}$，$\overline{B}$，$\overline{AB}$，$\overline{O}$ 分别表示 A，B，AB，O 型的表型频率，则有：

$$\overline{A}=p^2+2pr，\overline{B}=q^2+2qr，\overline{AB}=2pq，\overline{O}=r^2$$

因 $p+q+r=1$，则有：$r=\sqrt{r^2}=\sqrt{\overline{O}}$

$$p=1-(q+r)=1-\sqrt{(q+r)^2}=1-\sqrt{q^2+2qr+r^2}=1-\sqrt{\overline{B}+\overline{O}}$$

$$q=1-(p+r)=1-\sqrt{\overline{A}+\overline{O}}$$

由于许多随机的原因，利用上述公式计算群体中的复等位基因频率时可能出现 $p+q+r\neq1$ 的情况，则可运用伯恩斯坦（Bernstein）提出的下列公式进行修正：

$$p'=p\left(1+\frac{D}{2}\right)$$

$$q'=q\left(1+\frac{D}{2}\right)$$

$$r'=\left(r+\frac{D}{2}\right)\left(1+\frac{D}{2}\right)$$

其中：p'，q'，r' 分别为 p，q，r 的修正值，$D=1-(p+q+r)$

且有：$p'+q'+r'=\left(1+\frac{D}{2}\right)\left(1-\frac{D}{2}\right)=1-\frac{1}{4}D^2$

【实验材料】

人类血液样本。

【实验器具及试剂】

1. 实验器具

双凹玻片、采血针、竹签、75% 酒精棉球、干棉球、玻璃蜡笔（记号笔）、尖头滴管、显微镜。

2. 实验试剂

A 型、B 型标准血清。

【实验方法及步骤】

1. 取双凹玻片一块，在两端分别标上 A 和 B，中央标记受试者的号码。

2. 在 A 端和 B 端的凹面中分别滴上相应标准血清少许。

3. 75％ 酒精棉球消毒无名指端，用采血针刺破指端，用消毒后的尖头滴管吸取少量血，分别与 A 端和 B 端凹面中的标准血清混合，放置 1～2min 后，能肉眼观察有无凝血现象，肉眼不易分辨的用显微镜观察。

4. 根据凝集现象的有无判断血型（表 15-1）。

表 15-1　ABO 血型定型

A 标准血清	B 标准血清	血型
＋	－	B 型
－	＋	A 型
＋	＋	AB 型
－	－	O 型

注："＋"发生凝集反应，"－"未发生凝集反应。

5. 报告血型，填入表 15-2。

表 15-2　ABO 血型人数统计

表型	A 型	B 型	AB 型	O 型
人数				

【注意事项】

1. 指端、采血针和尖头滴管务必做好消毒准备。做到一人一针，不能混用。使用过的物品（包括竹签）均应放入污物桶，不得再到采血部位采血。

2. 酒精消毒部位自然风干后再采血，血液容易聚集成滴，便于取血。取血不宜过少，以免影响观察。

3. 采血后要迅速与标准血清混匀，以防血液凝固。

【作业及思考题】

1. 计算调查群体的血型频率和基因频率。

2. 讨论 Hardy-Weinberg 遗传平衡定律适合分析的性状及群体有何特点？

【参考文献】

[1] 张文霞，戴灼华. 遗传学实验指导 [M]. 北京：高等教育出版社，2007.
[2] 张根发. 遗传学实验 [M]. 北京：北京师范大学出版社，2010.

实验十六　PTC 味盲基因的群体遗传分析

【实验目的】

1. 通过对人群中苯硫脲（PTC）尝味能力的测试，学习其特殊的实验方法，认识人体对 PTC 敏感性的遗传特征。

2. 学会人类群体遗传调查的基本方法，利用 Hardy-Weinberg 遗传平衡定律检验 PTC 味盲基因是否处于遗传平衡状态。

【实验原理】

遗传学上所谓群体，是指一群可以相互交配的个体。在一个群体中，如果一个个体有了一个新的变异，由于通常碰不到有同样变异的个体，所以往往与正常个体交配，根据达尔文的融合遗传概念，一个有变异的个体与正常个体交配，变异就逐渐冲淡，终至消失；所以达尔文认为，为了提供进化上的材料，一定非有大量的变异不可，而这又与事实不相符合。孟德尔定律得到普遍证实后，问题产生：一个有变异的个体与正常的个体交配时，由于显隐性关系，显性基因的作用把隐性基因的作用遮盖起来，这样是否会使隐性变异逐渐消失呢？

Hardy（1908）与 Weinberg（1909）先后独立地证明，如果一个群体符合下列条件：①是个无限大的群体；②随机交配，即每一个雌性个体跟群体中的所有其他雄性个体的交配机会是相等的；③没有突变；④没有任何形式的自然选择；⑤没有个体的大规模迁移。那么，群体中各基因型的比例可从一代传到另一代维持不变，这就是遗传平衡定律。根据这个定律可以知道，虽然显性基因的作用可以遮盖隐性基因的作用，但是各基因型的比例不变，所以隐性变异不会因此而逐渐消失。

苯硫脲（phenylthiourea），又称苯基硫代碳酰二胺（phenylthiocarbamide，PTC），是由尿素合成的白色结晶状化合物，因其分子结构苯环上带有硫代酰胺基（N—C＝S）而呈苦味。1932 年，Blakeslee 对 PTC 苦味敏感的家系进行了调查，证实了人类对苯硫脲的尝味能力是一种遗传性状。随后的家系和双生子研究支持了人类对 PTC 尝味浓度阈值方面的差异属单基因遗传这一观点，基因（T-t）位于第 7 号染色体上，味盲者为隐性基因纯合体（tt），而尝味者是显性基因的纯合体（TT）或杂合体（Tt），遗传方式为不完全显性遗传（Reed et al，1995）。但也有一些研究者从他们的研究数据中发现不能完全地用孟德尔遗传来解释，另外，遗传背景和环境修饰也影响其表型（Bartoshuk et al，1996；Drayna et al，2003）。

世界不同民族与地区的 PTC 味盲率与隐性基因频率有很大差异，世界上味盲率最高值在印度，为 52.8%，澳大利亚土著也高达 49.3%。亚洲的尼泊尔人为 22.8%，日本人、韩国人均在 8%～15%，中国人味盲率在 7.27%～10.13%。黑人中味盲率在 3%～4%，而印第安人中味盲率比较低，有的仅有 1.2%，甚至为 0。

PTC 尝味的敏感性与某些疾病存在着一定的相关性，如糖尿病、甲状腺肿、青光眼、呆小病、慢性消化溃疡、抑郁症，乃至某些癌症等。研究者发现先天愚型者中 PTC 味盲率大大高于正常群体；PTC 味盲者更易患结节性甲状腺肿；而 PTC 尝味者中的抑郁症患者显著高于味盲者。

检测 PTC 味盲有纸片法、结晶法、阈值法等几种不同的方法。本实验按照

1949 年 Harris 和 Kalmus 改进的阈值法配制 PTC 溶液，对人群进行 PTC 味盲基因频率的测定与分析，为群体遗传学的学习提供基本数据。

【实验材料】

本校各院系学生或某一区域人群。

【实验器具及试剂】

1. 实验器具

天平、烧杯、容量瓶、细口瓶、广口瓶、量筒、眼罩（或黑色布条）。

2. 实验试剂

(1) 苯硫脲（PTC）：2～5g。

(2) PTC 原液的配制

称取 1.3g 苯硫脲，加双蒸水 1000mL 于容量瓶中，置于室温下 2～3d 即可完全溶解，在此期间不断摇晃以加速溶解过程，或者将容量瓶放于 60℃ 水浴中 1h 充分溶解。配成的溶液浓度为 1/750mol/L，即为原液，编为 1 号。

(3) PTC 不同浓度溶液的配制

将倒出 500mL 的 1 号液的 1000mL 容量瓶中再加入双蒸水至 1000mL，充分混合，为 2 号液；这样用容量瓶依次 1/2 倍比稀释，共配制 14 种浓度的 PTC 溶液（表 16-1），分别装入消毒好的试剂瓶中。

表 16-1　14 种 PTC 溶液的配制方法、浓度与对应基因型

编　号	配制方法	浓度/(mol·L^{-1})	基因型
1	1.3g PTC ＋ 双蒸水 1000mL	1/750	tt
2	1 号液 500mL＋双蒸水 500mL	1/1500	tt
3	2 号液 500mL＋双蒸水 500mL	1/3000	tt
4	3 号液 500mL＋双蒸水 500mL	1/6000	tt
5	4 号液 500mL＋双蒸水 500mL	1/12000	tt
6	5 号液 500mL＋双蒸水 500mL	1/24000	tt
7	6 号液 500mL＋双蒸水 500mL	1/48000	Tt
8	7 号液 500mL＋双蒸水 500mL	1/96000	Tt
9	8 号液 500mL＋双蒸水 500mL	1/192000	Tt
10	9 号液 500mL＋双蒸水 500mL	1/384000	Tt
11	10 号液 500mL＋双蒸水 500mL	1/768000	TT
12	11 号液 500mL＋双蒸水 500mL	1/1536000	TT
13	12 号液 500mL＋双蒸水 500mL	1/3072000	TT
14	13 号液 500mL＋双蒸水 500mL	1/6144000	TT
15	双蒸水		

【实验方法及步骤】

1. 受试者坐正，仰头张口伸舌，用滴管滴 4～8 滴 14 号液于受试者舌根部，让受试者慢慢咽下尝味，然后用双蒸水做同样的试验。

2. 询问受试者能否鉴别此两种溶液的味道。若不能鉴别或鉴别不准（如认为 PTC 溶液的味道是酸、咸、辣或其他说不出的药味等等），则依次用稍浓的

13 号溶液重复试验，依次进行直到能明确鉴别出 PTC 的苦味为止。

3. 当受试者鉴别出某号溶液时，应当用此号溶液重复尝味 3 次，3 次结果相同时，认为可靠，并记录首次尝到 PTC 苦味的浓度等级号。如果受试者直到 1 号液仍旧尝不出苦味，则其尝味浓度等级定为"<1"号。

4. 详细记录测定的结果。

正常尝味者的基因型为 TT，能尝出 1/6144000～1/768000mol/L 的 PTC 溶液的苦味，即阈值范围为 11～14 号；Tt 基因型的人尝味能力较低，只能尝出 1/384000～1/48000mol/L 的 PTC 溶液的苦味，即阈值范围为 7～10 号；而基因型为 tt 的人只能尝出 1/24000mol/L 以上浓度 PTC 溶液的苦味，即阈值范围为 1～6 号。也有个别人甚至对 PTC 的结晶也尝不出苦味。

对所测数据，按 Hardy-Weinberg 定律，可计算出基因频率（p、q）和基因型频率。若以 6 号液作为味盲和尝味者的界限，尝味阈值等于或低于 6 号液者为味盲，则可测出味盲率。

【注意事项】

1. 本实验操作过程中，测试者要采取一些技巧迷惑受试者，例如，将 PTC 溶液与蒸馏水反复交替给受试者，以免由于受试者的猜测及其他心理作用而影响结果的准确性。

2. 配液过程所用的烧杯、容量瓶、试剂瓶等应高压灭菌，给受试者滴药液时切记悬空加样，不要碰到受试者，避免交叉感染。

【作业及思考题】

1. 作业

若假定你所测试的群体是一个平衡群体，那么平衡群体中上下代之间基因频率，基因型频率保持不变，所以可以依据基因频率来推算各种基因型频率的理论预期值，再与实际测定结果进行 χ^2 检验，即可判定该群体是否为平衡群体（表 16-2）。

表 16-2　χ^2 检验计算

计算项目	基 因 型			总数（N）
	TT	Tt	tt	
实测值（O）				
理论预期比例	p^2	$2pq$	q^2	
预期值（E）	（Np^2）	（$N2pq$）	（Nq^2）	
$(O-E)^2/E$				

根据 χ^2 值和自由度（$df=1$），查表。

根据所测群体的实际结果，求出基因 T 和基因 t 的频率，并计算出群体味盲率。应用统计学方法确定该群体是否为平衡群体。若为不平衡群体，分析可能的原因。

2. 思考题

（1）证明在随机婚配的情况下，没有选择等因素的作用时，t 基因频率是怎样按 Hardy-Weinberg 定律保持平衡的。

（2）在所测群体中，男女在尝味能力上是否有区别？

（3）年龄对尝味阈值是否会有影响？对成年人而言，哪些因素可能对其尝味能力产生影响？

【参考文献】

[1] Bartoshuk LM，Duffy VB，Milller IJ. PTC/PROP tasting：anatomy, psychophysics, and sex effects [J]. Physiol Behav，1994. 56：1165-1171.

[2] Reed DR，Bartoshuk LM，Duffy V，et al. Propylthiouracil tasting：determination of underlying threshold distributions using maximum likelihood [J]. Chem Senses，1995，20：529-533.

[3] Drayna D，Coon H，Kim UK，et al. Genetic analysis of a complex trait in the Utah Genetic Reference Project：a major locus for PTC taste ability on chromosome 7q and a secondary locus on chromosome 16p [J]. Hum Genet，2003，112：567-572.

[4] 乔守怡. 遗传学分析实验教程 [M]. 北京：高等教育出版社，2008.

[5] 朱睦元，王君晖. 现代遗传学实验 [M]. 杭州：浙江大学出版社，2009.

实验十七　人体皮纹的遗传分析

【实验目的】

1. 掌握皮纹分析的基本知识和方法。

2. 了解皮纹分析在遗传学中的应用。

【实验原理】

在人类的手指、掌面、足趾、脚掌等器官的皮肤表面，分布着许多纤细的纹线。这些纹线可分两种：凸起的嵴纹及两条嵴纹之间凹陷的沟纹。由不同的嵴纹和沟纹形成了各种皮肤纹理，总称皮纹。皮纹具有一定的特征，可以分类识别。在手指端部的皮肤纹理称为指纹（finger print）。每个人都有一套特定的指纹，且这套指纹的纹理终生不变。因而早在 1890 年 Galton 就提出用指纹作为识别一个人的标志。至今人们还利用指纹确认嫌疑犯、死者、失踪的儿童或进出某些重要部门的成员等。

指纹有三种基本类型：弓形纹、箕形纹和涡形纹（又称螺纹或斗形纹）。在后两种指纹中有三组纹线经过的三叉点，计算三叉点与指纹中心的连线上的纹嵴数即得一个手指的纹嵴数。将十指的纹嵴数相加得总指嵴数。目前认为这个性状是多基因控制的数量性状，但究竟由哪些基因控制、其遗传方式是什么至今尚未完全弄清。

据研究，指纹在胚胎发育第 13 周开始形成，在第 19 周完成（Nora，etal. 1981）。如果有某种遗传或生理的因素造成嵴纹发育不良，就能在指纹上反映出来，许多研究证实了这个推论。如 Down 氏综合征患者的 10 个指头都是正箕纹的比例增加，食指和小指上的出现反箕的比例较正常人高；Klinefelter 氏综合征患者弓形纹比正常人多，从而使总指嵴数降低。因而指纹又可作为诊断某些先天畸形的一种辅助工具。除指纹外，掌、趾、足等处的皮纹也用于遗传分析或临床诊断。

【实验对象】

参与本次实验的同学为研究对象。每位同学分别获取并分析自己的指纹，计算总指嵴数，最后分析全班同学总指嵴数的分布情况。

【实验器具】

透明胶带、放大镜、印台、印油、白纸、直尺、铅笔、量用器等。

【实验方法及步骤】

1. 指纹获取

（1）透明胶带法

使用这种方法获取手印很方便，同时得到的指纹也很清晰，因而本实验推荐选用此种取手印的方法。

① 洗净双手，擦干，用铅笔在白纸片上涂黑 3～4cm 见方的一小块。将要取指印的手指在涂黑的区域中涂抹，将整个指尖涂黑。将一条宽度与手指第一指节长度相当的透明胶带，从指尖的一侧裹至另一侧，轻压，再揭下来，上面即附有受试者的指纹。将这条透明胶带贴在皮纹调查统计表相应的位置上。

② 重复上一个步骤，直至获得 10 个手指的指纹。

（2）印泥或油墨法

将双手洗净、擦干，把全手掌在印台上均匀地涂抹上印油，五指尽量分开按在白纸上，也可获得 10 个手指的清晰指纹。

2. 指纹类型分析

在放大镜下或者手机拍照后放大检查、分析受试者的指纹类型。根据纹理的走向扣三叉点的数目。可将指纹分为三种类型：弓形纹、箕形纹、斗形纹。判断依据如下。

（1）弓形纹（arch，A）：特点是嵴线内一侧至另一侧，呈弓形，无中心点和三叉点。根据弓形的弯度分为简单弓形纹和篷帐式弓形纹。由几种平行的弧形嵴纹组成。纹线由指的一侧延伸到另一侧，中间隆起成弓形。根据弓形中央隆起程度的不同，弓形纹又可分成两种。一种中央隆起很高形成帐篷状，称帐形弓（tented arch）；另一种是中间隆起较平缓的则称弧形弓（simple arch）。

（2）箕形纹（loop，L）：箕形纹俗称簸箕。在箕头的下方，纹线从一侧起始，斜向上弯曲，再回转到起始侧，形状似簸箕。此处有一处呈三方向走向的纹线，该中心点称三叉点。根据箕口朝向的方位不同，可分为两种：箕口朝向手的尺侧者（朝向小指）称正箕或尺箕（ulner）；箕口朝向手的桡侧者（朝向拇指），称反箕或桡箕（radial loop）。

（3）斗形纹（whorl，W）：是一种复杂、多形态的指纹。特点是具有两个或两个以上的三叉点。斗形纹可分绞形纹（双箕斗）、环形纹、螺形纹和囊形纹等。又称螺纹或涡形纹，有几条环形或螺线形的嵴纹绕着一个中心点组成。根据构成斗形纹的嵴纹的形态，又可将斗形纹分成环形斗、螺形斗、囊形斗等类型。环形斗由几条呈同心圆环状的嵴纹组成；螺形斗则由螺线形嵴纹组成。如果在斗形纹的中心，有一条闭合的曲线形嵴纹与其内部的几条弧形线共同组成一个囊状结构，则此斗形纹为囊形斗。

除了这三种基本类型的指纹外，还有其他类型。它们有的由这三种指纹混合而成（如箕、斗混合，箕、箕并列等），有的形状奇特，无法归类。在总指嵴数的记数中，无法归类的不做统计。

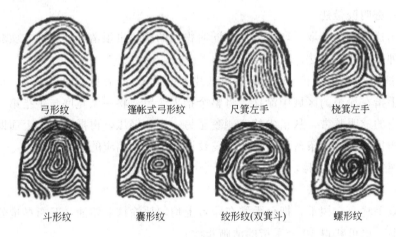

图 17-1　指纹的类型

3. 嵴纹计数

皮纹中凡有 3 组不同走向的嵴纹汇聚的区域称为三叉点（tritadius）。用铅笔从指纹中心点到距中心最远的 1 个三叉点之间划一条连线，连线所经过的嵴纹数目（连线起止点处的嵴线数不计算在内）称嵴纹数（ridge count）。具体方法参见图 17-2。弓形纹没有圆心和三叉点，嵴纹数为零。斗形纹有两个甚至更多的三叉点，则取数值较大的一个作为其嵴纹数。双箕斗嵴线计数时，分别将两圆心与各自的轴作连线，计算出两条连线的嵴线数。两条嵴线数之和除以 2，其得数为该指纹的嵴线数。将 10 个手指的嵴纹数相加，综合称为总指嵴数（total finger ridge count，TFRC）。

【实验结果】

填写皮纹调查统计表（表 17-1），统计每位同学的指纹类型，算出总指嵴数，并统计分析同组实验同学的指嵴数的情况。

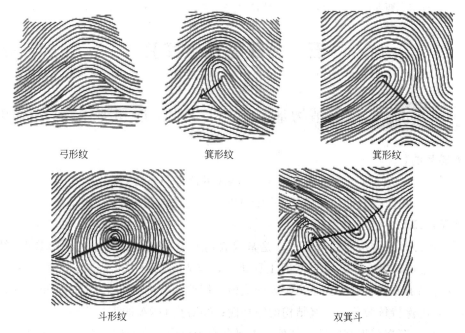

弓形纹　　　　　　　箕形纹　　　　　　　箕形纹

斗形纹　　　　　　　　　双箕斗

图 17-2　指纹的嵴纹数

表 17-1　皮纹调查统计表

类型			拇指		食指		中指		无名指		小指		总计
		指	左	右	左	右	左	右	左	右	左	右	
指纹类型	弓形纹(A)												
	箕形纹(L)	桡箕(U)											
		尺箕(R)											
	斗形纹(W)												
	指嵴纹数(TFRC)												

【注意事项】

1. 将双手洗净、擦干，否则皮纹上有杂质，不清晰。

2. 注意印泥法中，用力不宜过猛过重，不能移动手掌或白纸，以免所印皮纹重叠而模糊不清。

【作业及思考题】

1. 完成自己的皮纹调查统计表。

2. 皮肤纹理分析有何遗传意义？

【参考文献】

[1]　乔守怡．遗传学分析实验教程［M］．北京：高等教育出版社，2008.

[2]　李崇高．630 例正常学龄儿童手的皮纹学观察［J］．遗传，1979，1（4）：7-9.

[3]　刘少聪．新指纹学［M］．合肥：安徽人民出版社，1984.

[4]　马慰国. 西安地区 750 例人手皮纹图型调查分析［J］. 遗传，1981，3（1）：1-5.

五、分子遗传学实验

实验十八　高等植物基因组 DNA 的提取和纯化

【实验目的】

1. 了解从高等植物组织中提取总 DNA 的原理与方法。

2. 掌握 CTAB 法分离植物基因组 DNA 的方法与技术。

【实验原理】

DNA 是遗传信息的携带者，是基因表达的物质基础。无论是进行 DNA 结构与功能的研究，还是进行基因工程研究，首先需要对 DNA 进行分离和纯化，核酸样品的质量将直接关系到实验的成败。因此，分离、纯化 DNA 应遵守两条原则：①保持核酸分子一级结构的完整性；②防止 DNA 的生物降解。

DNA 存在于细胞的特定部位，主要存在于核内，即基因组 DNA，细胞质中含有少量的 DNA——核外 DNA（mtDNA、ctDNA），细胞内各种 DNA 的总称为总 DNA。植物细胞具有细胞壁，因此植物总 DNA 的提取，首先需要采用机械研磨的方法破碎植物的组织和细胞。由于植物细胞匀浆中含有的多种酶类（尤其是氧化酶类）会对 DNA 的抽提产生不利影响，因此在抽提缓冲液中需加入抗氧化剂或强还原剂（如巯基乙醇）以降低这些酶类的活性。在液氮中研磨，材料易于破碎，并可减少研磨过程中各种酶类的作用。

总 DNA 的提取方法，从提取原理上主要分为 CTAB 法和 SDS 法。CTAB、SDS 等离子型表面活性剂，能溶解细胞膜和核膜蛋白，使核蛋白解聚，从而使 DNA 得以游离出来。加入苯酚和氯仿等有机溶剂，能使蛋白质变性，并使抽提液分相，因核酸（DNA、RNA）水溶性很强，经离心后即可从抽提液中除去细胞碎片和大部分蛋白质。上清液中加入异丙醇或乙醇使 DNA 沉淀，沉淀 DNA 溶于双蒸水或 TE 溶液中，即得植物总 DNA 溶液。之后可加入 RNA 酶降解其中的 RNA，再用氯仿除去 RNA 酶，得到较纯的 DNA 制剂。本实验主要介绍 CTAB 法分离植物基因组 DNA 的方法和技术。

【实验材料】

鲜嫩的植物叶片。

【实验器具及试剂】

1. 实验器具

水浴锅、台式离心机、恒温箱、磁力搅拌器、研钵和研棒、液氮、微量移液器及吸头、离心管、紫外分光光度计、天平、剪刀等。

2. 实验试剂

(1) 2% CTAB 抽提缓冲溶液

2%（质量体积分数）CTAB ＋ 1.4mol/L NaCl ＋ 20mmol/L EDTA ＋ 100mmol/L Tris-HCl（pH 值 8.0）＋1% PVP（聚乙烯吡咯烷酮体积分数）＋ 0.2%β-巯基乙醇（用前加入）

(2) TE 溶液

10mmol/L Tris-HCl（pH 值 8.0），1mmol/L EDTA

(3) 氯仿-异戊醇（24：1）、异丙醇、3mol/L 醋酸钠、TE、RNaseA 溶液、无水乙醇、75%乙醇、液氮等。

【实验方法及步骤】

1. 2%CTAB 抽提缓冲液置于 65℃水浴中预热。

2. 取少量叶片（约 0.2g）置于研钵中，用－196℃液氮将其迅速研磨成粉末。

3. 在液氮挥发将尽而植物组织尚未解冻时迅即加入 700μL 的 2%CTAB 抽提缓冲液，轻轻搅动。

4. 将磨碎液分装入 1.5mL 的灭菌离心管中，磨碎液的高度约占管的 2/3。

5. 置于 65℃的水浴锅中保温 40min，期间每隔 10min 缓慢颠倒离心管数次。

6. 保温 40min 后，使之冷却至室温（室温应大于 15℃，否则 CTAB-核酸复合物会发生沉淀），加入氯仿-异戊醇（24：1）至满管，缓慢颠倒离心管混匀5～10min。

7. 放入离心机中 12000r/min 离心 10min，将上清液转入另一个离心管中，弃沉淀（重复抽提 2 次）。

8. 在上清液中加入 2/3 体积预冷的异丙醇，将离心管轻缓颠倒混匀30s，室温放置 10～20min，沉淀 DNA。

9. 12000r/min 离心 10min 后，立即倒掉液体，注意勿将白色 DNA 沉淀倒出，将离心管倒置于铺开的纸巾上。

10. 60s 后，直立离心管，加入 720μL 的 75%乙醇及 80μL 3mol/L 的醋酸钠，轻轻转动，用手指轻弹管尖，使沉淀与管底的 DNA 块状物浮游于液体中。

11. 放置 30min，使 DNA 块状物的不纯物溶解。

12. 12000r/min 离心 1min 后，倒掉液体，再加入 800μL 75%的乙醇，将 DNA 再洗 30min。

13. 12000r/min 离心 30s 后，立即倒掉液体，将离心管倒立于铺开的纸巾上；数分钟后，直立离心管，干燥 DNA（自然风干或用风筒吹干）。

14. 加入 50μL 0.5×TE（含 RNaseA）缓冲液，使 DNA 溶解，置于 37℃恒

温箱约 15h，使 RNA 消解。

15. 置于 −20℃ 保存、备用。

【注意事项】

1. 选用幼嫩的材料可以减少多糖、多酚类物质的含量。

2. 材料表面不应带有水分，否则形成的冰晶将妨碍研磨。

3. 研磨使用的器械应预冷，添加液氮时应缓慢操作。

4. 样品研磨成粉后，在加入提取缓冲液之前必须保持冷冻状态，如果融化，内部的 DNase 会使 DNA 降解，严重影响提取效果。

5. 整个实验过程中应该保持无菌、无酶污染，否则容易导致 DNA 降解。

【实验结果】

可利用琼脂糖凝胶电泳、紫外分光光度法对经 TE 溶解的 DNA 质量进行检测。经 CTAB 法提取的 DNA 分子片段大小一般为 10～20kb。

【作业及思考题】

1. 提取植物总 DNA 主要有哪两种方法？原理上有何区别？

2. 在提取植物总 DNA 的操作过程中应注意什么？

3. 怎样初步检测提取的植物基因组 DNA 的量？

【参考文献】

[1] 邹喻苹，葛颂，王晓东. 系统与进化植物学中的分子标记 [M]. 北京：科学出版社，2001.
[2] 朱睦元，王君晖. 现代遗传学实验 [M]. 杭州：浙江大学出版社，2009.
[3] 王金发，戚康标，何炎明. 遗传学实验教程 [M]. 北京：高等教育出版社，2008.

实验十九　质粒 DNA 的提取与酶切

【实验目的】

1. 学习和掌握碱裂解法提取质粒。

2. 了解质粒的酶切鉴定原理。

3. 掌握琼脂糖凝胶电泳技术。

【实验原理】

质粒（plasmid）是一种双链的共价闭合环状的 DNA 分子，它是染色体外能够稳定遗传的因子。质粒具有自主复制和转录能力，能使子代细胞保持他们恒定的拷贝数。从细胞的生存看，没有质粒存在基本上不影响细胞的存活，所以质粒是寄生性的自主复制子。根据质粒的这种特性，通常采用 DNA 体外重组技术和微生物转化等基因工程技术和方法，使质粒将某个基因带入受体细胞而表达它的遗传性状，改变或修饰寄主细胞原有的代谢产物，或者产生某种新的物质。目前质粒已广泛用作 DNA 分子的无性繁殖的运载体，同时它也是研究 DNA 结构和功能的较好的模型。

质粒一般来自细菌，分离和纯化质粒 DNA 的方法很多，但都包括以下几个步骤：培养细菌使质粒扩增、收集和裂解细菌、分离和纯化质粒 DNA。采用溶菌酶可破坏菌体细胞壁，十二烷基磺酸钠（Sodium dodecyl sulfate，SDS）可使细胞壁裂解，因此细菌裂解时常用溶菌酶和 SDS 或 NaOH 和 SDS 的混合物作为裂解液，使菌体充分裂解。此时细菌 DNA 缠绕附着在细胞壁碎片上，离心时易被沉淀出来，而质粒 DNA 则留在上清液中，其中还含有可溶性蛋白质、核糖核蛋白和 tRNA 等，在提取过程中加入蛋白水解酶和核糖核酸酶能使它们降解。通过碱性酚（pH 8.0）和氯仿-异戊醇混合液抽提，可除去蛋白质等杂质。异戊醇的作用是降低表面张力，可以减少抽提过程中产生的泡沫，并能使离心后的水层、变性蛋白层和有机层维持稳定。经反复抽提后再用酒精沉淀洗涤，可得到纯度较高的质粒 DNA。本实验主要介绍利用碱裂解法提取质粒的方法。

限制性内切酶是一种工具酶，能够识别双链 DNA 分子上的特异核苷酸顺序，在合适的反应条件下，能在这个特异性核苷酸序列内，切断 DNA 链，形成一定长度和顺序的 DNA 片段。如：EcoRⅠ和 $Hind$Ⅲ的识别序列和切口是：

EcoRⅠ：$5'$G↓AATTC $3'$

$Hind$Ⅲ：$5'$A↓AGCTT $3'$

G，A 等核苷酸表示酶的识别序列，箭头表示酶切口。限制性内切酶对环状质粒 DNA 有多少切口，就能产生多少酶切片段，因此鉴定酶切后的片段在电泳凝胶的区带数，就可以推断酶切口的数目，从片段的迁移率可以大致判断酶切片段大小的差别。用已知分子量的线状 DNA 为对照，通过电泳迁移率的比较，就可以粗略推测分子形状相同的未知 DNA 的分子量。

凝胶电泳不仅可分离不同相对分子量的 DNA，也可以分离相对分子量相同，但构型不同的 DNA 分子。DNA 分子在碱性缓冲液中带负电荷，在电场作用下可以从负极向正极移动，相对分子质量越小，迁移越快；相对分子质量越大，迁移越慢。DNA 的构象对迁移也有一定的影响，在细胞内，共价闭合环状 DNA（covalentlyclosed circular DNA，简称 cccDNA）常以超螺旋形式存在。若两条链中有一条链发生一处或多处断裂，分子就能旋转而消除链的张力，这种松弛型的分子叫作开环 DNA（open circular DNA，简称 ocDNA）。在电泳时，同一质粒若以 cccDNA 形式存在，它比其开环和线状 DNA 的泳动速度都快，因此向阳极迁移的速度超螺旋 DNA 大于线状 DNA，线状 DNA 大于开环 DNA。

【实验材料】

含质粒的大肠杆菌 DH5α。

【实验器具及试剂】

1. 实验器具

培养皿、量筒、振荡器、Eppendorf 管、离心机、微量移液器及吸头、酒精灯、接种环、琼脂糖凝胶电泳系统、电泳槽、电子天平、枪头、微波炉、紫外投射检测仪、高压蒸汽灭菌锅、超净工作台、恒温培养摇床、水浴锅、一次性手套等。

2. 实验试剂

(1) LB 液体培养基：胰蛋白胨 2.5g，酵母提取液 1.25g，氯化钠 2.5g；加水溶解，用 5mol/L NaOH 调节 pH 值到 7.0，定容至 250mL，高压灭菌 20min。

(2) LB 固体培养基：按 LB 配方配制液体培养基，加入琼脂（1.5%）高压灭菌 20min，降温至 50℃时无菌条件下每毫升加氨苄青霉素储液（50mg/mL）1μL。摇匀后，再将其倒入已灭菌的平皿中，培养基厚度 2～3mm，室温下固化。

(3) 溶液 I：配制终浓度为 50mmol/L 葡萄糖，25mmol/L 的 Tris-Cl（pH8.0），10mmol/L EDTA（pH8.0）的溶液，高压灭菌后 4℃保存备用。

(4) 溶液 II（0.2mol/L NaOH，1%SDS）：取 0.4mol/L NaOH 和 2%SDS 以 1：1（体积比）的比例混匀（临时配制使用）。

(5) 溶液 III（pH4.8）：60mL 5mol/L KAc，11.5mL 冰乙酸，28.5mL H₂O。

(6) 酚/氯仿/异戊醇（25：24：1，体积比）：将酚和氯仿/异戊醇等体积混匀。

(7) TE 缓冲液（pH 8.0）：10mmol/L Tris-Cl，1mmol/L EDTA，其中含有 RNA 酶（RNase）20μg/mL。

(8) 限制性内切酶 EcoR I，双蒸水，10×Buffer。

(9) 琼脂糖、EB、1×TAE（50×TAE 配制：242g Tris 碱，57.1mL 冰乙酸，100mL 0.5mol/L EDTA pH8.0，使用时稀释到 1×TAE）、DNA Marker、6×loading buffer。

【实验方法及步骤】

1. 质粒 DNA 的提取

(1) 培养细菌，扩增质粒

将带有质粒的大肠杆菌 DH5α 接种在 LB 固体培养基上，37℃培养 24～48h；用无菌牙签从固体培养细菌平皿中挑取一单菌落接入含有氨苄青霉素的 LB 液体培养基中，封口，37℃振荡培养 6～12h；将 1.5mL 培养物倒入 Ep 管中 12000r/min 离心 30s，吸去培养液。

(2) 收集和裂解细菌

① 将细菌沉淀重悬于 100uL 预冷的溶液 I 中，振荡器上剧烈振荡混匀。

② 加入 200μL 新配的溶液 II，快速颠倒 Ep 管五次以混匀，不要振荡。将离心管置于冰上 5min。

③ 加入 150μL 预冷的溶液 III，倒置后温和振荡 10s，使溶液混合均匀，之后置于冰上 3～5min。

④ 4℃，12000r/min 离心 5min，转移上清，弃沉淀。

⑤ 加等量的酚：氯仿：异戊醇，振荡 1～2min。4℃，12000r/min 离心 2min，留水相。

⑥ 加等量的氯仿：异戊醇，振荡 1～2min。4℃，12000r/min 离心 2min，留上清。

（3）分离和纯化质粒 DNA

① 加入两倍体积的 -20℃ 冰乙醇，-20℃ 保温 20min 以沉淀 DNA。

② 4℃，12000r/min 离心 5min，弃上清，管倒置于吸水纸上，除尽管壁上的液滴。

③ 用 1mL 4℃ 的 70％乙醇洗沉淀两次以上，在空气中干燥 10min 以上。

④ 用 20μL TE 缓冲液重溶 DNA，4℃ 保存备用。

2. 质粒 DNA 的酶切

（1）确定反应体系（总体积 20μL）

*Eco*R I	0.5μL
质粒 DNA	5μL
10×Buffer	2μL
ddH$_2$O	12.5μL

（2）向 0.5mL Ep 管中加入上述体系，混匀，点动离心将反应液甩至管底，置于 37℃ 水浴 1.5～3h。

（3）琼脂糖凝胶电泳检测酶切结果

① 1g 琼脂糖加入 1×TAE 电泳缓冲液中，摇匀，加热至琼脂糖完全溶解，冷却至 60℃，加 EB，摇匀。

② 模板插入梳子，将溶解的琼脂糖倒入，室温冷却凝固。

③ 充分凝固后，将模板放入电泳槽中，加 1×TAE 电泳缓冲液覆盖凝胶，小心垂直向上拔出梳子。

④ 点样：取 6×loading buffer 于一次性手套上，取适量的酶切液混匀，小心加入点样孔中；同时在旁边孔中加入 DNA marker。

⑤ 电泳：调节电压，可见溴酚蓝条带由负极移向正极，电泳约 15min，指示剂二甲苯青和溴酚蓝在凝胶的中下段时停止电泳。

⑥ 观察检测：用紫外凝胶成像仪和紫外凝胶成像系统观察结果并拍照记录。

【作业及思考题】

　　1. 质粒的基本性质有哪些？

　　2. 从细菌中分离质粒的原理是什么？有哪些步骤及注意事项？

　　3. 沉淀 DNA 时为什么要用无水乙醇及在低温、高盐条件下进行？

【参考文献】

[1] 郭善利，刘林德. 遗传学实验教程［M］，北京：科学出版社，2004.
[2] 刘祖洞，江绍慧. 遗传学实验［M］. 第二版. 北京：高等教育出版社，1987.
[3] 王金发，戚康标，何炎明. 遗传学实验教程［M］. 北京：高等教育出版社，2008.
[4] 朱睦元，王君晖. 现代遗传学实验［M］. 杭州：浙江大学出版社，2009.

实验二十　聚合酶链式反应——PCR

【实验目的】

　　学习 PCR 反应的原理及操作技术。

【实验原理】

　　聚合酶链式反应（polymerase chain reaction）简称 PCR 技术，是一种应用广泛的分子生物学技术，用于体外扩增特异的 DNA 片段，可以看作是生物体外的特殊 DNA 复制。利用 PCR 技术可在短时间内获得数百万个特异的 DNA 序列的拷贝。PCR 技术在分子克隆、遗传病的基因诊断等方面已得到广泛的应用。PCR 技术实际上是在模板 DNA、引物和 4 种脱氧核苷酸存在的条件下依赖于 DNA 聚合酶的酶促合成反应。

　　PCR 技术的特异性取决于引物和模板 DNA 结合的特异性。反应分为三步。①变性：在高温条件下，DNA 双链解离形成两条单链 DNA；②退火：当温度突然降低时引物与其互补的模板在局部形成杂交链；③延伸：在 DNA 聚合酶、dNTPs 和 Mg^{2+} 存在的条件下，聚合酶催化以引物为起始点的 DNA 链延伸反应。以上三步为一个循环，即高温变性、低温退火、中温延伸三个阶段。每一个循环的产物可以作为下一个循环的模板，几十个循环之后，介于两个引物之间的特异性 DNA 片段得到了大量复制，数量可达到 $10^6 \sim 10^7$ 个拷贝（图 20-1）。

　　典型的 PCR 反应体系包括：模板 DNA、PCR buffer、$MgCl_2$（有时会与 PCR buffer 混在一起）、dNTPs、Taq 酶、引物等。

【实验材料】

　　提前制备好的模板 DNA。

【实验器具及试剂】

　　1. 实验器具

　　PCR 仪、台式离心机、微量移液器。

　　2. 实验试剂

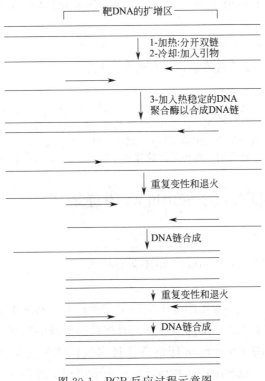

图 20-1　PCR 反应过程示意图

（1）10×PCR buffer

（2）dNTPs 2.5mmol/L

（3）Taq 酶　5U/μL

（4）引物 1 和 2（2μmol/L）（T3，T7）

【实验方法及步骤】

1. 在 0.2mL Eppendorf 管内配制 50μL 反应体系。

成　　　分	用　　量	成　　　分	用　　量
ddH$_2$O	19.5μL	MgCl$_2$（15mmol/L）	5μL
10×PCR buffer	5μL	Taq 酶（5U/μL）	0.5μL
dNTPs（2.5mmol/L）	5μL	模板 DNA	5μL
引物 1（2μmol/L）	5μL	总体积	50μL
引物 2（2μmol/L）	5μL		

2. 按下述循环程序进行扩增。

（1）94℃ 5min，1 个循环。

（2）94℃ 30s，52℃ 30s，72℃ 30s，30 个循环。

（3）72℃ 延伸 10min。

（4）4℃ 保温。

3. 扩增结束后取 $50\mu L$ 扩增产物，利用琼脂糖凝胶电泳检测 DNA 扩增情况。

【作业及思考题】

1. PCR 反应的原理是什么？

2. PCR 技术在分子遗传学领域有哪些应用？

【参考文献】

[1] 郭善利，刘林德. 遗传学实验教程 [M]. 北京：科学出版社，2004.

[2] 卢龙斗，常重杰. 遗传学实验技术 [M]. 北京：科学出版社，2007.

[3] 李雅轩，赵昕. 遗传学综合实验 [M]. 北京：科学出版社，2006.

[4] 王金发，戚康标，何炎明. 遗传学实验教程 [M]. 北京：高等教育出版社，2008.

实验二十一 DNA 的 Southern 印迹杂交

【实验目的】

学习并掌握 DNA 的 Southern 印迹杂交技术。

【实验原理】

核酸杂交技术是一种常用的分子生物学实验技术，其基本原理是：具有一定同源性的两条核酸单链在一定的条件下，可按碱基互补的原则形成双链，此杂交过程是高度特异性的。Southern 印迹杂交技术包括两个主要过程：一是将待测定核酸分子通过一定的方法转移并结合到一定的固相支持物（硝酸纤维素膜或尼龙膜）上，即印迹（blotting）；二是固定于膜上的核酸同位素标记（或非同位素标记）的探针在一定的温度和离子强度下退火，即分子杂交过程。该技术是 1975 年英国爱丁堡大学的 Edwin Southern 首创的，Southern 印迹杂交（Southern blot）故因此而得名。Southern 杂交可以检测转基因生物是否含有目的基因，在分子生物学领域，如 RFLP 分析、克隆鉴定、品种鉴定等方面均有应用。

【实验材料】

转化插入 T-DNA 的水稻植株。

【实验器具及试剂】

1. 实验器具

Eppendorf 管、微量移液器及吸头、台式离心机、恒温水浴锅、电泳仪、水平电泳槽、凝胶成像系统、紫外检测仪、杂交炉、制冰机、冰盒、杂交袋、转印迹装置、吸水纸、紫外交联仪或 80℃烤箱、摇床、尼龙膜或硝酸纤维素膜滤纸。

2. 实验试剂

(1) 2×CTAB 抽取液：2% CTAB，100 mmol/L Tris-HCl（pH 8.0），20 mmol/L EDTA，1.4 mmol/L NaCl。

(2) 氯仿/异戊醇（24:1），70%乙醇，无水乙醇，琼脂糖，溴化乙啶，TE

溶液，TBE 溶液。

（3）限制性内切酶 *Dra* Ⅰ，*Eco*R Ⅰ，*Eco*R Ⅴ，*Hind* Ⅲ。

（4）0.2mol/L HCl。

（5）变性溶液：1.5mol/L NaCl，0.5mol/L NaOH。

（6）中性溶液：0.5mol/L Tris-HCl（pH=7.5），3mol/L NaCl。

（7）20×SSC：3mol/L NaCl，0.3mol/L 柠檬酸钠，用 HCl 调 pH=7.4。

（8）杂交液（DIG Easy Hyb）。

（9）洗膜缓冲液：2×SSC，0.1% SDS；0.5×SSC，0.1% SDS。

（10）水稻 DNA 探针。

（11）马来酸缓冲液（Maleic acid Buffer）：0.1mol/L 马来酸缓冲液、0.15mol/L NaCl，用固体的 NaOH 调 pH=7.5。

（12）洗液（Washing buffer）：马来酸缓冲液、0.3% Tween 20。

（13）检测缓冲液（Detection Buffer）：0.1mol/L Tri-HCl、0.1mol/L NaCl，pH=9.5。

（14）1×封闭液（blocking solution）：10g 阻断试剂，用马来酸定容到 10mL。

（15）抗体溶液（antibody solution）：将 anti-digoxgenin-AP 在 10000r/min 离心 5min，取上清液，用 1×封闭液按 1∶5000 稀释（150mU/mL），现配现用。

（16）底色物溶液（color-substate）：将 500μL 的 NBT/BCIP 添加到 25mL 的检测缓冲液中（避光保存）。

【实验方法及步骤】

1. 水稻基因组 DNA 制备

（1）取少量水稻叶片，用蒸馏水洗净，放研钵中加 800μL 65℃预热的 2×CTAB 提取液，充分研磨。

（2）将粗提液装入 2.0mL 的离心管中，置 65℃水浴锅中温育 10~60min，间或轻摇离心管。

（3）将离心管取出，冷却至室温，加入等体积（约 800μL）氯仿∶异戊醇（24∶1）（氯仿是有机溶剂，有毒，小心，不要弄到桌面或移液器上）。

（4）将离心管上下颠倒几次，装入离心机中（注意平衡，再低速启动，慢慢加速），10000r/min，离心 10min。

（5）缓慢吸取上清液（不要吸到中间层的杂质），转入另一离心管（如杂质较多，可重复第 3~4 步骤）。再加入等体积冰冻无水乙醇，轻轻颠倒几次，可见白色的 DNA 絮状沉淀。

（6）将离心管装入离心机，6000r/min，离心 3min，取出弃上清液。

（7）将离心管中加入 1mL 70％的乙醇清洗，然后倒出乙醇。

（8）待 DNA 在室温中干后，加 200 μL TE 或双蒸水，－20℃冰箱中保存。

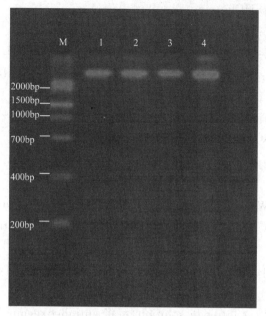

图 21-1 利用 CTAB 法提取的水稻总 DNA

M—分子量标记；1～4—水稻植株 DNA

2. DNA 限制酶消化

（1）取 10 μL DNA 于 0.8％凝胶检测，质量良好的 DNA 电泳效果如图 21-1。

（2）将 DNA 调节浓度至 300～400ng/μL。

（3）仔细阅读将所用的任何一种酶产品说明书，熟悉反应条件及酶的贮存浓度（10～50U/μL）及配套试剂。

（4）计算据反应条件所需要的各种试剂准确用量。

DNA(3～5μg)	10μL	Enzyme(15U/μL)	0.8μL(冰上)
10×buffer reaction	1.5μL	ddH$_2$O	2.7μL

各组分加入 0.5mL 离心管中，混匀，短暂离心。

（5）37℃ 温浴 1～2h（纯 DNA）或 10h（粗制 DNA）。

（6）加入上样缓冲液终止酶切反应，也可 65℃加热 10min 使酶变性失活。

3. 电泳

（1）制备 0.8％琼脂糖凝胶。注意琼脂糖的质量，胶的浓度、厚度（＜5mm）及均一性。一般大电泳槽配制 250mL 0.8％琼脂糖凝胶，采用 42 孔梳子。

（2）上样。

（3）电泳：一般1～1.5V/cm的电压，使DNA迁移到适当距离，一般指示剂移动约10～11cm（大电泳槽：40V × 12～15h，小电泳槽：30V×4～5h）。

（4）评价靶DNA的质量。在电泳结束后，0.25～0.50μg/mL EB染色15～30min，紫外灯下观察凝胶。

4. 转膜和固定

（1）转膜准备

在一个瓷盘内放一个比凝胶稍大的平台，在平台上铺放3张3mm的滤纸，两端垂入盘内的转移缓冲液中，转移缓冲液的液面要低于平台。裁取一张比凝胶稍大的尼龙膜，并用蒸馏水湿润5～10min，并剪去与凝胶相对应的一角，作为识别标记。

（2）制作盐桥

在一玻璃盘中加入足量的0.4mol/L NaOH，放上洗净的玻璃板，搭建盐桥。

（3）电泳凝胶预处理

① 把凝胶浸在0.25mol/L HCl中，室温轻轻晃动，直到溴酚蓝从蓝变黄，处理时间15～20min。

② 倒去HCl溶液，加入灭菌双蒸水漂洗凝胶。

③ 把凝胶浸在中和液中（0.5mol/L Tris-HCl，pH7.5，1.5mol/L NaCl），室温15min。

④ 在20×SSC中平衡凝胶至少10min。

（4）转膜

① 在盐桥滤纸上洒些0.4mol/L NaOH，立即将胶放在盐桥上。

② 胶的四周用塑料片与胶紧紧相连，防止短路（吸水纸与盐桥相接）。

③ 在胶面上倒足够量0.4mol/L NaOH，小心放置膜（预湿0.4mol/L NaOH）使膜覆盖整块胶（要求一次成功，不能移动）。

④ 膜上放2张滤纸，滤纸大小为15cm×12cm。

⑤ 放不少于5cm厚的吸水纸，放上玻板，其上压约500g的重物，转膜12h左右。

⑥ 转膜完毕，用2×SSC漂洗膜两次，各5min。用EB染胶以检测转移效果。

⑦ 用两张滤纸包住膜，置于80～100℃的真空干燥箱中，干燥2～4h。

5. 探针标记

由于转化T-DNA水稻植株中含有潮霉素磷酸转移酶基因Hpt片段，因此，选用潮霉素磷酸转移酶基因Hpt片段为探针，探针的标记采用地高辛进行标记，具体操作方法可以参考试剂盒的有关说明进行。将1μg模板DNA溶于16μL灭菌蒸馏水中，沸水变性10min，并在冰上迅速冷却，在冰上加入4μL随机引物标记试剂，其中含有核苷酸混合物、随机引物、Klenow enzyme和反应缓冲液。混匀后置37℃保温至少1h，可长至20h以提高标记量。

6. 预杂交和杂交

将处理好的膜用2×SSC浸润5min后放到杂交袋中，加入预杂交液50～100mL，65℃预杂交30min～6h。将预杂交过的膜放入杂交袋中，加入5mL的杂交液（用灭菌ddH$_2$O溶解浓缩的固体杂交液成分）。将标记好的探针沸水浴变性5～10min，冰上5min，加到杂交袋中，混匀，赶出气泡。42℃摇动杂交过夜。

7. 洗膜

取出尼龙膜，在2×SSC溶液中漂洗5min，然后按照下列条件洗膜：

2×SSC/0.1%SDS，42℃，每次15min。

0.5×SCC/0.1%SDS，65～68℃，洗2次，每次15min。

8. 免疫检测—NBT/BCIP检测荧光

（1）用50mL洗液（Washing buffer）短暂浸膜1～5min。

（2）将膜置封闭液（1×blocking solution）100mL中封闭30min。

（3）用封闭液按1：5000稀释DIG抗体-AP至150mU/mL，将膜浸在10～20mL抗体溶液中30min。

（4）用100mL洗液洗膜两次，每次15min。

（5）准备颜色底物溶液，在25mL的检测液（Detection Buffer）中混入500μL的NBT/BCIP，注意避免直接暴露在光下。

（6）用20mL检测液平衡2～5min。

（7）去除检测液，在黑暗中加入25mL颜色底物溶液进行显色反应，在显色过程中不要摇动。几分钟后开始显色，但完全反应大约需要16h。

（8）显色完成后，用水洗膜以终止反应，观察实验结果，进行照相（图21-2）。

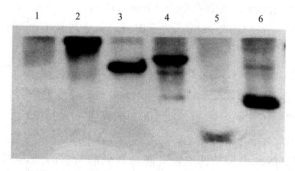

图21-2 水稻T-DNA转化植株Southern检测（引自邬亚文，2006）

1—对照（中花11号植株）；2～6—不同内切酶酶切的转化植株

【注意事项】

1. 为了能更好地分离 DNA，凝胶电泳采用较低电压进行电泳，进行过夜跑胶。

2. 在转膜过程中，要保证塑料盘中有足够的 20×SSC，当吸水纸浸湿后，要及时更换。

3. 杂交时，杂交液的量应根据尼龙膜的大小来确定，一般为 20mL/100cm²，且在杂交袋中应没有气泡。

4. 安装转移装置，应防止转移液不通过凝胶，而从其他途径（如吸水纸直接与下面的滤纸或凝胶接触）直接渗透到尼龙膜上，使 Southern 转移失败。

5. 探针选择是杂交成功的一个关键因素，本实验介绍采用转化 T-DNA 水稻植株含用潮霉素磷酸转移酶基因 Hpt 片段，如果是检测一些特定的基因片段，则可以根据基因的序列来合成特异探针。

6. 探针的标记除了可以用地高辛标记以外，还可用同位素标记，具体的标记方法可以参考相关的文献。

7. 在实验操作过程中，应注意戴上手套。

【作业及思考题】

1. 在进行 Southern 印迹杂交时，若 DNA 酶切反应不彻底会有何影响？DNA 发生降解又有何影响？

2. 在进行转膜时应注意什么问题？

3. 如何将转移后的 DNA 固定在膜上？

4. Southern 杂交在遗传学研究上有何应用？

5. 应如何选择探针？

【参考文献】

[1] 朱旭芬. 基因工程实验指导［M］. 北京：高等教育出版社，2006.
[2] 邬亚文，于永红，胡国成等. 一个新的水稻生育期延迟 T-DNA 插入突变体［J］. 作物学报. 2006，32（8）：1111-1116.
[3] 刘立鸿，许璐，汪凯等. 地高辛标记探针 Southern 印迹杂交技术要点及改进［J］. 生物技术通报. 2008，6（3）：57-59.

实验二十二 果蝇基因组的随机扩增多态性 DNA 分析

【实验目的】

1. 掌握果蝇基因组 DNA 的提取方法。

2. 学会 RAPD 分析的技术。

【实验原理】

果蝇是遗传学研究中的重要模式生物，基因组 DNA 不仅是主要的遗传物质，而且也是生物进化史的重要记录者，它含有无比丰富的进化信息。不同种之间的亲缘关系越近，基因组内同源序列就越多，用相同引物扩增的产物，其共有标记片段也就越多。1990 年 Williams 等创立了 RAPD 技术（random amplification polymorphism DNA），由于整个基因组内存在众多反向重复序列，用随机引物分别对整个基因组进行 PCR，会导致一系列 PCR 产物表现其差异性。因此，由 RAPD 技术所得到的随机扩增多态 DNA 的共享度从分子遗传方面反映了物种间亲缘关系的远近程度。

【实验材料】

各种突变型的果蝇，包括杂交后代群体的果蝇。

【实验器具及试剂】

1. 实验器具

离心机、PCR 仪、电泳仪、水浴锅、微波炉、移液枪、1.5mL 离心管、PCR 管等。

2. 实验试剂

（1）蛋白酶 K（proteinase K）：用去离子水溶解浓度为 20g/L。

（2）基因组 DNA：快速抽提试剂盒（动物）SK8221（50 次），生工生物工程（上海）有限公司。

（3）Buffer Digestion；Buffer PA；TE Buffer（pH8.0）。

（4）PCR 反应试剂：Taq DNA Polymerase（5U/μL），10mM dNTP mix，10×Taq PCR Buffer。

（5）琼脂糖电泳试剂：50×TAE 缓冲液，琼脂糖，6×Loading Buffer，EB 替代物，λDNA/Hind Ⅲ Marker。

【实验方法及步骤】

1. DNA 的提取

每个 EP 管装入冰冻的果蝇 10 只左右，加入 75％酒精清洗两次，再用灭菌 ddH2O 清洗样品表面 3 次，滤纸吸干表面水分。用研磨棒研磨至糊状。

（1）加入 200μL Buffer Digestion，加入 10μL 蛋白酶 K，混匀后 65℃水浴 1h 至细胞完全裂解。

（2）加入 100μL Buffer PA，混合均匀后，−20℃静置 5min。

（3）10000r/min 离心 5min，取上清转移至新的离心管中。

（4）加入等体积的异丙醇，颠倒 5～8 次使之充分混匀，室温放置 2～3min。10000r/min 离心 5min，弃上清。

（5）加入 200μL 75％乙醇，颠倒清洗 1～3min，10000r/min 离心 2min，弃上清。该步骤重复一次。

（6）开盖，室温下倒置 5～10min 至残留的乙醇完全挥发。加入 20μL TE 缓冲液，溶解 DNA。

（7）1%琼脂糖电泳检测 DNA。

2. PCR 反应

（1）PCR 反应体系　　　12μL

10×Buffer　　　　　1.2μL

模板　　　　　　　　2μL

引物　　　　　　　　0.5μL

Mg^{2+}　　　　　　　　1μL

Taq^{2+}　　　　　　　0.3μL

10mmol/L dNTP　　0.3μL

ddH_2O　　　　　　　6.7μL

（2）PCR 程序

① 预变性：　94℃　　8min

② 高温变性：94℃　　60s

③ 退火：　　36℃　　40s

④ 延伸：　　72℃　　120s

⑤ 延伸：　　72℃　　8min

②～④循环 40 次。结束后放置 4℃保存。

表 22-1 列出了一些多态性较好的引物序列。

表 22-1　多态性较好的引物序列

引物名称	序列(5' to 3')	引物名称	序列(5' to 3')
U6	acc ttt gcg g	U8	ggc gaa ggt t
U11	aga ccc aga g	U13	ggc tgg ttc c
U15	acg ggc cag t	U19	acg ggc cag t
V1	tga cgc atg g	V2	agt cac tcc c
V5	tcc gag agg g	V8	gga cgg cgt t
V10	gga cct gct g	V11	ctc gac aga g
V15	cag tgc cgg t	V16	aca ccc cac a
V19	ggg tgt gca g	Y2	cat cgc cgc a
Y4	ggc tgc aat g	Y6	aag gct cac c
Y8	agg cag agc a	Y14	ggt cga tct g
Y15	agt cgc cct t	Y19	tga ggg tcc c

3. 琼脂糖凝胶电泳

① 缓冲液的配置

将 50×TAE 缓冲液稀释至 1 倍，即量取 20mL TAE 母液于 1000mL 容量瓶中，加蒸馏水定容至 1000mL，混匀。

② 制备凝胶

根据需要制备 0.8%的琼脂糖凝胶，称取 0.24g 琼脂糖粉于 50mL 三角瓶中，并加入 30mL 1×TAE 缓冲液，放入微波炉加热溶解。

③ 胶板的制备

用移液枪吸取少量热的琼脂糖液，用其封住干燥的玻璃板边缘。凝固后在距离底板 0.5～10 mm 的位置上放置梳子，以便加入琼脂糖后形成完好的加样孔。琼脂糖液冷却至 50℃ 左右时，加入 5μLEB 替代物，摇匀，灌胶，待胶完全凝固，小心去除梳子、玻璃板和封玻璃板边缘的凝胶。加入没过胶面的足量的电泳缓冲液。

④ 点样

用移液枪分别取 1μL 6×Loading Buffer 和 5μL 样品混匀后加入点样孔中，点完样品后，再用移液枪取 5μL Maker 于点样孔。

⑤ 电泳

120V 电泳 2h，当条带跑至胶板 2/3 处时关闭电源，将凝胶拿至暗室，在紫外灯下观察并拍照记录结果。

4. 数据处理

记录每个样品 DNA 的分子带型，有带记为 1，无带记为 0。对数据进行统计分析，计算相似系数（S）和遗传距离（D）。按照公式 $S_{XY}=2×N_{XY}/(N_X+N_Y)$ 计算相似系数，其中 S_{XY} 为 X 和 Y 两个样本的相似系数，N_{XY} 为 X 和 Y 样本共有的 DNA 条带数目，N_X 和 N_Y 分别为 X 和 Y 样本各自的 DNA 扩增条带数目。按照公式 $D=1-S_{XY}$ 计算遗传距离，根据 D 值利用 UPGMA（unweighed pair group method with arithmeticmean）聚类分析方法构建分子系统树，以判断不同果蝇之间亲缘关系的远近。

【作业及思考题】

1. 采集数据，对 RAPD 条带进行统计分析，计算相似系数，遗传距离，并进行聚类分析。

2. 简述 RAPD 检测技术的优缺点？

【参考文献】

[1] 赵宝存，王敬敏，李慧，齐志广. 果蝇突变体的 RAPD 分析 [J]. 河北师范大学学报（自然科学版），2005, 29 (5): 512-515.

[2] Nei M. Et al. Mathematical Model for Studying Genetic Distance in Terms of Restriction Endonucleases [J]. Proc. Natl. Acad. Sci . USA . 1979, 76: 5269-5273.

第二篇　综合性实验

实验二十三　高等植物有性杂交技术

【实验目的】

1. 学习并掌握植物有性杂交的方法。

2. 熟练掌握拟南芥、小麦杂交的技术。

【实验原理】

有性杂交指基因型不同的生物个体之间通过彼此雌雄配子的结合，而产生杂种的过程。有性杂交是遗传学研究的基本方法，是人工创造植物新品种、新类型的有效手段。根据亲本间亲缘关系的远近，有性杂交又分为近缘杂交和远缘杂交。近缘杂交指同一物种内不同基因型个体的杂交。由于亲本间遗传基础相同，容易获得成功；近缘杂交导致基因型越来越纯合，杂种优势较小。远缘杂交指包括亚种、种、属、科之间的杂交。其优点可以扩大种质库，丰富植物的基因型，获得较多的变异类型，从中可筛选有利的变异；但由于亲缘关系较远，不易获得成功，存在杂种夭亡、结实率低甚至不育的情况。植物有性杂交的一般方法如下：

1. 杂交前的准备工作

（1）熟悉花的结构和开花习性

不同种类的农作物，花的结构和开花习性不相同，对杂交工作来说，一朵花中最重要的部分是雌、雄蕊，因此在杂交以前，应对杂交亲本花中雌、雄蕊的形状、数目、位置等各种特点认识清楚，否则无法准确地进行去雄、采粉、授粉、套袋隔离等工作。杂交前，还必须了解杂交亲本的开花习性。包括开花时间、开花顺序、授粉方式和花粉、柱头的生活力等内容。例如：了解亲本何时开花，才能适时在开花前进行去雄；了解何时是开花盛期，才能选择在开花盛期进行授粉。熟悉花粉和柱头的生活力，才能决定去雄后的授粉期等等。

（2）调节开花期

用于杂交的亲本一定要花期相遇，才能进行杂交。

① 分期播种：通常以母本开花期为标准，如果父本开花期太早则延迟播种，太迟则提前播种。也可分批播种。

② 光照处理：对晚稻大豆等短日照作物来说，从苗期到抽穗开花以前，缩短每天光照时间，可以促进开花，延长光照时间可以延迟开花。对于小麦、油菜等长日照作物，加长每天光照时间可以促进开花，缩短每天光照时间，则可以延迟开花。

（3）春化处理：例如对于冬性、半冬性的小麦，在播种前，将萌动种子在0～5℃低温下处理若干天（30～45d，10～25d）让它们完成春化阶段的发育，就可提前抽穗。

（4）调节生育期的温度：对于喜温的亲本可以在温室或塑料棚中播种栽培，可以促进开花；对于要求较低温度的亲本，则可露天播种栽培，以推迟开花。

（5）改变田间管理：对于早熟品种，可多施氮肥推迟开花；对于晚熟亲本，可多施磷肥促进开花。也可采取中耕切根和灌水等措施，使花期推迟。

2. 杂交的操作程序和方法

（1）去雄

① 去雄时间：最适时间是在开花前1～2d，过早花蕾过嫩，容易损伤花的结构；过迟花药容易裂开，导致自花授粉。

② 去雄方法：夹除雄蕊法。关键是谨慎细心而又要注意消毒工作。去雄时，一朵花中的雄蕊务必全部夹除干净，而且夹除时，不能夹破花药。如果花中的雄蕊未夹净、或花药破裂散落出花粉，都会招致杂交工作失效。消毒工作也很重要。在去雄以前，一切用具及手指都须用 70% 酒精消毒，以免带入其他花粉。一个品种或一朵花去雄完毕后，如果接连进行另一个品种或另一朵花去雄时，必须将用具重新消毒。消毒后镊子上的酒精，应在蒸发干净后方能使用，以免去雄时损害柱头。

（2）授粉

在去雄后的1～2d，柱头上分泌出黏液，此时最适宜接受花粉。一般授粉时间以该作物开花最盛时刻的效果最好，因为此时能够获得大量的花粉。但此时往往也有其他品种进入盛花期，空气中各种花粉混杂，所以授粉时应防止污染。为了减少污染，授粉人最好头带宽檐草帽。授粉后要套袋隔离，并且要挂牌记录杂交组合的名称、杂交日期及实验者的名字。

【实验材料】

野生型拟南芥（Co 生态型）、小麦。

【实验器具及试剂】

1. 实验器具

剪刀、尖头镊子、纸袋、纸牌（塑料牌）、铅笔（记号笔）、放大镜。

2. 实验试剂

70％酒精棉球。

【实验方法及步骤】

1. 拟南芥杂交

（1）熟悉花器构造

拟南芥（*Arabidopsis thaliana*）属于十字花科植物，总状花序顶生，有四个萼片、四个花瓣。雄蕊6枚（4强2弱），花药黄色；雌蕊圆柱状，位于花的中部，其中的子房由两个心皮组成（图23-1）。

(a) 拟南芥的花　　　　(b) 子房纵切图　　　　(c) 四强雄蕊

图 23-1　拟南芥的花及花器构造

（2）选择母本

选择刚刚露白的花蕾作为母本，这是杂交成功与否的关键之一。太幼嫩的花蕾去雄后雌蕊会死亡，而发育稍过的花蕾其内部已在进行或完成自花授粉过程，因此难以达成人工杂交的目的。

（3）去雄

用干净的尖端稍细的镊子由外向内依次剥去花萼、花瓣、雄蕊（共6枚，4长2短；此时雄蕊的长度明显短于雌蕊，尚未进行自花授粉），只留下雌蕊。注意不要触伤柱头，否则难以完成授粉作用。另外，雄蕊一定要去完全，如果留下一或多个雄蕊，待第二天花柱伸长后依然可以进行自花授粉作用，使人工设计的杂交失败。

（4）授粉

刚刚去雄的雌蕊柱头还未发育成熟，一般在去雄后第二天，柱头处于膨胀毛茸茸的状态时，为最适合接受花粉的状态。选择处于盛开期（四个花瓣完全展开呈十字状，花药为鲜黄色）的花朵作为父本，用镊子夹住雄蕊柄部取下，在母本花的柱头上轻轻擦拭数次，做好标记。为保证授粉成功率，可以连续两天进行授粉。一般授粉在上午 10 点之前进行为宜；下午两三点钟花朵盛开较多时亦可。

（5）观察记录

两三天后，如果柱头明显发育长大，形成细长形的角果，则表明杂交成功。

2. 小麦杂交

（1）小麦花的结构

复穗状花序，通常称作麦穗。麦穗由穗轴和小穗两部分组成（图 23-2）。穗轴直立而不分枝，包含许多个节，每一节上着生 1 个小穗。小穗包含 2 枚颖片和 3～9 朵小花。小花为两性花，由 1 枚外稃、1 枚内稃、3 枚雄蕊、1 枚雌蕊和 2 枚浆片组成。其外稃因品种不同，有的有芒、有的无芒。

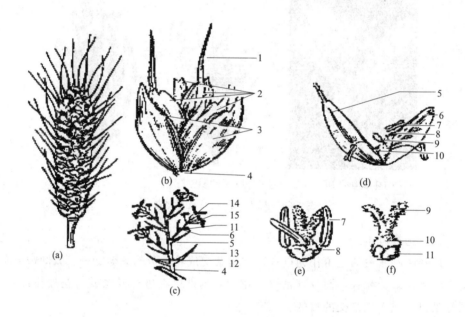

图 23-2　小麦的花及花器构造

（a）小麦复穗状花序；（b）小穗为穗状花序；（c）小穗图解；（d）小花；（e）雄蕊；（f）雌蕊
1—芒；2—小花；3—颖片；4—小穗轴；5—外稃；6—内稃；7—花药；8—花丝；9—柱头；
10—子房；11—浆片；12—外颖；13—内颖；14—雄蕊；15—雌蕊

（2）开花习性

① 开花时间：小麦抽穗后 3～5d 开花，上午开花多，下午开花较少，清晨和傍晚很少开花。一朵花的开花时间一般约为 15～20min，一个麦穗从开花到结束，约需 2～3d，少数为 3～8d。

② 开花顺序：就全株来说，主茎上的麦穗先开，分蘖上的麦穗后开；就 1 个穗来说，中部的小穗先开，上部和下部的后开；就 1 个小穗来说，基部的先开，上部的花后开。

（3）小麦杂交的方法和步骤

① 选穗：选无病虫害的麦穗。

② 整穗：将基部和上部发育不良的 2～3 个小穗除去。每侧各留 5～7 个小穗，然后再把留下小穗上发育不良的小花除去。留基部两侧 1～2 朵发育良好的小花。有芒品种则把芒剪去，以免妨碍去雄授粉工作。

③ 去雄：去雄时先从穗的一侧上部小穗开始，顺序而下。一侧去雄完毕，再进行另一侧去雄工作。去雄的最佳时期是花药为绿色或微黄，去雄前用酒精棉球擦拭手及用具，待酒精干后再进行去雄。去雄方法有两种。

a. 裂颖法：用左手拇指和中指夹住麦穗，再用食指从小花颖壳的顶端处轻轻压下，使内外颖裂开，露出里面的雄蕊，然后用镊子小心地除去三枚雄蕊的花药，注意不要把花药夹破及伤害柱头。若有花药破裂，则应除去该小花，并用酒精杀死附在镊子上的花药。去雄后立即套上隔离纸袋，悬以小纸牌。注明母本品种名称、去雄日期、去雄花数、作者等。

b. 剪颖法：用剪刀剪去小花上部 1/3 左右的颖壳，然后用镊子从剪口处小心取出花药，套上隔离纸袋，悬牌。

④ 授粉：授粉前检查母本去雄穗的小花柱头，一般未成熟柱头不分叉，衰老的柱头萎蔫无光，授粉适期柱头呈羽毛状分叉，而且有闪闪发亮的特征。

a. 花药授粉法：授粉时先选取穗中部已有花药露出颖外的父本植株，用镊子取下花粉成熟的黄色花药，放入去雄穗的小花柱头上。轻轻涂抹授粉，在每朵小花中放入一枚花药。授粉后套上纸袋，并在纸牌上标明父本名称、授粉日期。

b. 花粉授粉法：授粉前一天下午，用纸袋将父本穗套上，授粉时，弯下穗子并轻轻拍打使花粉振落到纸袋中。然后用毛笔蘸取花粉，按小花顺序依次进行授粉。套袋挂牌。

⑤ 检查受精情况：在授粉后 4～5d 即可检查，凡柱头枯萎，子房膨大者，说明已受精结实。25～30d 后收获杂交种，脱粒，保存。

【作业及思考题】

1. 杂交育种工作的意义是什么？

2. 授粉时如何防止串粉？

【参考文献】

[1] 刘祖洞，江绍慧. 遗传学实验［M］. 北京：高等教育出版社，2003.
[2] 朱睦元，王君晖. 现代遗传学实验［M］. 杭州：浙江大学出版社，2009.

实验二十四　植物原生质体的分离再生

【实验目的】

1. 了解原生质体的概念及应用价值。

2. 掌握原生质体的分离、提纯和培养技术。

3. 观察原生质体再生壁和细胞分裂过程。

【实验原理】

植物原生质体是指去除了细胞壁的裸露的细胞。原生质体可从培养的单细胞、愈伤组织和植物器官（叶、下胚轴等）获得。但一般认为，叶肉组织是分离原生质体的理想材料，其优点是材料来源方便、供应及时，而且遗传性状较为一致。从结构上来说，叶肉细胞排列较疏松，易于分离。而从单细胞和愈伤组织分离得到的原生质体由于受到培养条件和继代培养的影响，易使细胞间发生遗传变异和生理差异。原生质体的分离通常采用酶解法，对细胞壁成分进行降解后分离得到。在适宜的培养条件下，分离的原生质体又可以重新合成新的细胞壁，经过细胞分裂再生成完整的植株。

原生质体培养的条件和对营养的要求与组织、细胞培养相似，但原生质体由于去除了细胞壁，所以培养基中要求有一定浓度的渗透压稳定剂来保持原生质体的正常细胞形态。常用的渗透压稳定剂包括甘露醇、山梨醇、蔗糖等。培养基中添加的生长素、细胞分裂素也是必需的。

高等植物原生质体除了用于细胞融合的研究以外，还能通过其裸露的质膜摄取外源 DNA、细胞器、细菌或病毒颗粒。原生质体的这些特性与植物细胞的全能性结合在一起，已经在遗传工程和体细胞遗传学中开辟了一个理论和应用研究的崭新领域。

【实验材料】

烟草叶片。

【实验器具及试剂】

1. 实验器具

超净工作台、低速离心机、倒置显微镜、高压灭菌锅、细胞计数板、带盖离心管、细菌过滤器、300 目镍丝网、解剖刀、镊子、注射器（2mL、5mL）、刻度吸管、培养皿、烧杯等。

2. 实验试剂

（1）洗涤液：甘露醇 0.6mol/L、$CaCl_2 \cdot 2H_2O$ 3.5mmol/L、KH_2PO_4 0.7mmol/L(pH5.6)，高压灭菌。

（2）细胞壁酶解液：2%纤维素酶、1%果胶酶溶于洗涤液中（pH5.6），过滤灭菌。

（3）其他试剂：70%乙醇、0.3%次氯酸钠。

（4）DPD 培养基（表 24-1）。

【实验方法及步骤】

1. 取 60～100d 苗龄的烟草叶片，用自来水洗净。

表 24-1　DPD 培养基配方

成分	含量/(mg/L)	成分	含量/(mg/L)
NH_4NO_3	270	KI	0.25
KNO_3	1480	烟酸	4
$MgSO_4 \cdot 7H_2O$	340	盐酸吡哆醇	0.7
$CaCl_2 \cdot 2H_2O$	570	盐酸硫胺素	4
KH_2PO_4	80	肌醇	100
$FeSO_4 \cdot 7H_2O$	27.8	叶酸	0.4
Na_2-EDTA	37.3	甘氨酸	1.4
$MnSO_4 \cdot H_2O$	5	生物素	0.04
$Na_2MoO_4 \cdot 2H_2O$	0.1	蔗糖	2000
H_3BO_3	2	甘露醇	0.3mol/L
$ZnSO_4 \cdot 7H_2O$	2	2,4-D	1
$CuSO_4 \cdot 7H_2O$	0.015	激动素	0.5
$CoCl_2 \cdot 6H_2O$	0.01	pH	5.8

2. 70%乙醇浸泡 30s。

3. 0.3%次氯酸钠灭菌 15min，无菌水洗 5 次。

4. 无菌叶片用消毒后的镊子小心撕去下表皮，叶片剪成 $1cm^2$ 大小。

5. 置混合酶液中，25℃酶解 3～4h。然后在无菌下，吸一滴酶解液于载玻片上，在显微镜下检查原生质体分离情况。

6. 将酶解后的原生质悬液用 300 目镍丝网过滤到小烧杯中，以除去未酶解完全的组织。

7. 将滤液分装在带盖离心管中，用 600r/min 的速度离心 5min，使完整的原生质体沉淀。

8. 用吸管除去上层酶液，加入洗涤液，小心地将原生质体悬浮起来，待悬液充分混匀后，再一次离心。这样反复操作洗涤 2～3 次，洗掉酶液及残余的细胞碎片。

9. 加入适量（如 4mL）的原生质体培养基，小心将洗涤后的原生质体悬浮起来，取少量用血球计数板计数，计算血球计数板上四角的四大格内的细胞总数，按照下列公式即可算出每毫升悬浮液中的细胞数。

$$细胞数/mL = \frac{四大格的细胞总数}{4} \times 10000 \times 稀释倍数$$

用培养基将原生质体浓度稀释为 $10^5/mL$。

10. 用吸管将原生质体悬液转入无菌培养皿内，控制培养液深度在 1mm 左右，并用封口膜封住培养皿，置 26℃恒温培养。

11. 培养 10d 左右，在倒置显微镜下统计原生质体再生分裂的比例。

12. 当大部分原生质体再生了细胞壁并有部分发育成愈伤组织（约 2 周左右）时，添加含 0.2mol/L 甘露醇的新鲜培养基。

13. 培养 1 个月左右，出现瘤状愈伤组织时，将其转入 MS 培养基附加

NAA 0.2mg/L，6-BA 3mg/L 的固体培养基上，诱导芽的分化。

【注意事项】

1. 所分离的原生质体是否健康和具有活力，是以后培养成功的关键因素之一。下面两种方法可用于测定原生质体的活力。

（1）染色法

可用荧光素双醋酸盐（fluorescein diacetate，FDA）、酚藏花红、伊文思蓝等染料对原生质体染色后，显微镜检查原生质体的活力。FDA 染色后，在荧光显微镜下观察，活的原生质体发出黄绿色的荧光。0.01％酚藏花红染色后，光学显微镜检查，活的原生质体被染成红色。用 0.25％伊文思蓝染色，染成蓝色的为无活力的原生质体。

（2）胞质环流法

在显微镜下观察，凡具有胞质环流者为代谢旺盛的原生质体。

2. 原生质体的产量和活力与所用酶的质量和处理时间有关，每克材料大约需要 10mL 酶液。

3. 原生质体培养的密度是影响培养成功与否的重要因素，起始密度一般为 $10^4 \sim 10^5$/mL。

【作业及思考题】

1. 统计分离的原生质体数目。

2. 记录原生质体生长发育情况，并拍照记录。

3. 原生质体在遗传学研究中有何应用价值？

【参考文献】

王金发，何炎明. 细胞生物学实验教程 ［M］. 北京：科学出版社，2004.

实验二十五　植物的组织培养

【实验目的】

1. 学习植物组织培养技术的基本操作过程。

2. 了解植物组织培养在生产实践中的意义。

【实验原理】

高等植物的组织培养（tissue culture）技术是利用细胞全能性特点，分离一个或数个体细胞或植物体的一部分在无菌条件下培养的技术。通常我们所说的广义的组织培养，是指通过无菌操作分离植物体的一部分，即外植体（explant），接种到培养基上，在人工控制的条件下进行培养，使其生成完整的植株。

组织培养按培养对象可分为植株培养、器官培养、组织培养、细胞培养和原生质体培养等。

①植株培养（plant culture）：是对完整植株材料的培养，如幼苗及较大植株的培养。

②器官培养（organ culture）：即离体器官的培养，根据作物和需要的不同，可以分离茎尖、茎段、根尖、叶片、叶原基、子叶、花瓣、雄蕊、雌蕊、胚珠、胚、子房、果实等外植体的培养。

③组织或愈伤组织培养（tissue or callus culture）：为狭义的组织培养，是对植物体的各部分组织进行培养，如茎尖分生组织、形成层、木质部、韧皮部、表皮组织、胚乳组织和薄壁组织等等；或对由植物器官培养产生的愈伤组织进行培养，二者均通过再分化诱导形成植株。

④细胞培养（cell culture）：是对由愈伤组织等进行液体振荡培养所得到的能保持较好分散性的离体单细胞或花粉单细胞或很小的细胞团的培养。

⑤原生质体培养（proplast culture）：是用酶及物理方法除去细胞壁的原生质体的培养。

组织培养是二十世纪发展起来的一门技术，由于科学技术的进步，尤其是外源激素的应用，使组织培养不仅从理论上为相关学科提供了可靠的实验证据，而且一跃成为一种大规模、批量工厂化生产种苗的新方法，并在生产上得到越来越广泛的应用。植物组织培养之所以发展如此快，应用的范围如此广泛，是由于其具备以下几个特点：

（1）培养条件可以人为控制

组织培养采用的植物材料完全是在人为提供的培养基质和小气候环境条件下进行生长，摆脱了大自然中四季、昼夜的变化以及灾害性气候的不利影响，且条件均一，对植物生长极为有利，便于稳定地进行周年培养生产。

（2）生长周期短，繁殖率高

植物组织培养由于可人为控制培养条件，根据不同植物不同部位的不同要求而提供不同的培养条件，因此生长快，往往一个月左右为一个周期。所以，虽然植物组织培养需一定设备及能源消耗，但由于植物材料能按几何级数繁殖生产，故总体来说成本低廉，且能及时提供规格一致的优质种苗或脱病毒种苗。

（3）管理方便，利于工厂化生产和自动化控制

植物组织培养是在一定的场所和环境下，人为提供一定的温度、光照、湿度、营养、激素等条件，极利于高度集约化的高密度工厂化生产，也利于自动化控制生产。与盆栽、田间栽培等相比省去了中耕除草、浇水施肥、防治病虫等一系列繁杂劳动，可以大大节省人力、物力及田间种植所需要的土地。

本实验主要介绍植物组织培养的基本方法，并以香蕉的组织培养为例说明。

【实验材料】

香蕉吸芽、不定芽。

【实验器具及试剂】

1. 实验器具

烧杯、量筒（100mL、1000mL）、吸管、镊子、酒精灯、三角瓶、培养皿、剪刀、电子天平、高压灭菌锅、超净工作台等。

2. 实验试剂

配置 MS 培养基的各种化学试剂药品，2,4-D、6-BA、NAA、NaOH、HCl、0.1%升汞、70%酒精、蔗糖、琼脂或植物凝胶等。

【实验方法及步骤】

1. 母液的配制和保存

在配制培养基时，为简便起见，通常先配制一系列母液。所谓母液是欲配制液的浓缩液，这可保证各物质成分的准确性及配制时的快速移取，并便于低温保藏。一般配成比所需浓度高 10～100 倍的母液。母液配制时可分别配成大量元素、微量元素、铁盐、有机物和激素类等。配制时注意一些离子之间易发生沉淀，如 Ca^{2+} 和 SO_4^{2-}，Ca^{2+}、Mg^{2+}、PO_4^{3-} 一起溶解后，会产生沉淀，一定要充分溶解后再依次放入母液中。配制母液时要用蒸馏水或重蒸馏水。药品应选取等级较高的化学纯或分析纯。药品的称量及定容都要准确。一般配成大量元素、微量元素、铁盐、维生素等母液，其中维生素、氨基酸类可以分别配制，也可以混在一起。母液配好后放入冰箱内低温保存，用时再按比例稀释。下面以 MS 培养基制备为例，来概述其制备方法。

（1）大量元素母液可配成 10 倍液。用分析天平按表 25-1 称取药品，分别加

表 25-1 MS 培养基及母液的配制

母液种类	化合物名称	规定量/(mg/L)	扩大倍数	称取量/mg	母液体积/mL	1L 培养基移取量/mL
大量元素	NH_4NO_3	1650	10	16500	1000	100
	KNO_3	1900		19000		
	$MgSO_4 \cdot 7H_2O$	370		3700		
	KH_2PO_4	170		1700		
钙盐	$CaCl \cdot 2H_2O$	440	10	4400	1000	100
微量元素	$MnSO_4 \cdot 4H_2O$	22.3	100	2230	1000	100
	$ZnSO_4 \cdot 7H_2O$	8.6		860		
	$CoCl_2 \cdot 6H_2O$	0.025		2.5		
	$CuSO_4 \cdot 5H_2O$	0.025		25		
	H_3BO_3	6.2		620		
	$Na_2MoO_4 \cdot 2H_2O$	0.25		25		
	KI	0.83		83		

母液种类	化合物名称	规定量/(mg/L)	扩大倍数	称取量/mg	母液体积/mL	1L培养基移取量/mL
铁盐	$FeSO_4 \cdot 7H_2O$	27.8	100	2780	1000	10
	$Na_2 \cdot EDTA$	37.3		3730		
有机物质	烟酸(Vpp)	0.5	50	25	500	10
	盐酸吡哆醇	0.5		25		
	盐酸硫胺素	0.1		5		
	肌醇	100		5000		
	甘氨酸	2		100		

100mL 左右蒸馏水溶解后，再用磁力搅拌器搅拌，促进溶解。注意 Ca^{2+} 和 PO_4^{3-} 一起混合易发生沉淀。然后倒入 1000mL 容量瓶中，再加水定容至刻度，即成为 10 倍母液。

（2）微量元素母液可配成 100 倍液。用分析天平按表准确称取药品后，分别溶解，混合后加水定容至 1000mL。

（3）铁盐母液可配成 100 倍液，按表称取药品，加热溶解，混合后加水定容至 1000mL。

（4）维生素、氨基酸母液可配成 1mg/mL 母液。按表称取药品，溶解，分别加水定容至 100mL，其中肌醇为 10mg/mL 的浓度。

（5）激素母液的配制

每种激素必须单独配成母液，浓度一般配成 1mg/mL。用时根据需要取用。因为激素用量较少，一次可配成 50mL 或 100mL。另外，多数激素难溶于水，要先溶于可溶物质。然后才能加水定容。它们的配法如下。

IAA、IBA、GA_3 先溶于少量的 95% 的酒精中，再加水定容到一定浓度。

NAA 可溶于热水或少量 95% 的酒精中，再加水定容到一定浓度。

2,4-D 可用少量 NaOH 溶解后，再加水定容到一定浓度。

KT 和 6-BA 先溶于少量 1mol/L 的 HCl 中再加水定容。

配制好的母液瓶上应分别贴标签，注明母液名称、配制倍数、日期及配 1L 培养基时应取的量。

2. 培养基的配制

适合香蕉培养的培养基如下。

愈伤组织诱导培养基：MS＋蔗糖 30g/L＋植物凝胶 2.6g/L＋2,4-D 4.0mg/L＋KT 1.0mg/L＋NAA 1.0mg/L＋活性炭 200mg/L。

愈伤组织增殖培养基：MS＋蔗糖 30g/L＋植物凝胶 2.6g/L＋2,4-D 2.0mg/L＋6-BA 0.5mg/L＋NAA 0.5mg/L＋活性炭 100mg/L。

愈伤组织分化不定芽培养基：MS＋蔗糖 30g/L＋植物凝胶 2.6g/L＋6-BA 5.0mg/L。

不定芽启动、丛生芽增殖培养基：MS＋蔗糖 30g/L＋植物凝胶 2.6g/L＋6-BA 5.0mg/L＋IBA 0.2mg/L。

不定芽生根培养基：MS＋蔗糖 30g/L＋植物凝胶 2.6g/L＋IBA 2.0mg/L＋NAA 0.2mg/L。

把母液按照编号顺序排列好，取 1000mL 烧杯一个，先加入约 300mL 蒸馏水，称取所需的蔗糖，搅拌溶解，按设计好的培养基分别吸取母液，定容到所需的量，再称取所需的植物凝胶（或者琼脂）粉加入搅拌均匀。用 0.1mol/L 的 NaOH 或 HCl 液调节 pH 值为 5.8 左右，分装到培养瓶中，然后用锡箔纸封好瓶口。

3. 培养基的灭菌

培养基用高压灭菌锅灭菌。打开锅盖，加水至水位线。把已装好培养基的三角瓶，连同蒸馏水及接种用具等放入锅筒内，装时不要过分倾斜培养基，以免弄到瓶口上或流出。然后盖上锅盖，对角旋紧螺丝，接通电源加热，当升至 0.05MPa 时，打开放气阀放气，回"0"后关闭放气阀。当气压上升到 0.11MPa 时，保压灭菌 20min，到时停止加热。当气压回"0"后打开锅盖，取出培养基，放于平台上冷凝。灭好菌的培养基不要放置时间太长，最多不能超过 1 周。

4. 取材、接种

（1）在生长季节选取生长健壮、无病害植株的 40～50cm 高的吸芽为外植体，用自来水冲洗表面的泥土后，切除上部的外假茎，留下 6cm 高的茎和下部外假茎。在无菌条件下逐层剥去包在茎外的叶鞘，每剥一层用 70％酒精擦一次，当外植体为 2cm×2cm×2cm 大小时，在 70％酒精中浸泡 15s，再用 0.1％升汞溶液消毒两次，每次 5min，无菌水冲洗 4～5 次，切去基部变褐部分，将长约 2cm 左右的外植体整体或将外植体纵切一分为二接种到不定芽启动培养基中进行腋芽诱导。同时，为保证获得无病毒的试管苗，可再将外植体剥至长约 0.5cm 左右的生长点，再接种到腋芽启动培养基上，诱导不定芽生成。

（2）取试管苗基部膨大的侧芽茎尖顶端分生组织，切成厚约 1mm 的薄片作为外植体，接种到愈伤组织诱导培养基上。接种后将材料置于 28℃ 下弱光或暗处培养，诱导愈伤组织发生。

5. 诱导分化

愈伤组织出现后 10d 左右即可长到小米粒大小，这时应把它们及时转入愈伤组织增殖培养基和分化培养基进行增殖和诱导植株分化。增殖和分化的光照度为 1000～2000lx，每天 14h 光照培养，温度为 28℃ 左右。

6. 继代培养

将诱导出的不定芽切割后在丛生芽增殖培养基上进行增殖培养。

7. 生根培养

将增殖后高 2～3cm 的丛生芽切取单芽接种到不定芽生根培养基上，进行生根培养，一般 10d 左右能形成完整的根系。

8. 炼苗移栽

生根后的试管苗在自然条件下炼苗培养，炼苗后的试管苗从培养瓶中取出，洗掉根部培养基，移至苗床（素沙作基质）中或直接上杯（盆中上层 1/3 基质为沙，下层 2/3 基质为园土）栽培。移栽后，注意浇水、遮荫，沙床苗 60d 内应上盆栽培。图 25-1 为香蕉的植物组织培养过程。

图 25-1　香蕉的植物组织培养过程
（a）愈伤组织从切片上萌发；（b）愈伤组织增殖；（c）不定芽从愈伤组织上萌发；
（d）长大的不定芽；（e）生长健壮的丛生不定芽；（f）生根的不定芽

【作业及思考题】

1. 接种一周后，观察记录培养材料有无污染。

2. 每周至少观察一次培养物的生长情况。

3. 统计愈伤组织的诱导率和愈伤组织的成苗率。

4. 根据实验情况写出详细的实验报告。

【参考文献】

[1] 曹孜义，刘国民．实用植物组织培养技术教程［M］．兰州：甘肃科学技术出版社，1996.

[2] 郭善利，刘林德．遗传学实验教程［M］．北京：科学出版社，2004.

[3] 刘雪红，吴坤林，陈之林等．大蕉的组织培养和快速繁殖［J］．植物生理学通讯，2005，41（6）：785.

[4] 刘雪红，曾宋君，吴坤林等．巴西香蕉薄切片从生芽途径再生体系的建立［J］．中国南方果树，2006，35（5）：38-39.

[5] 刘雪红，曾宋君，吴坤林等．香蕉薄切片愈伤组织再生体系的建立研究［J］．福建林业科技，2007，34（1）：114-118.

[6] 王金发，戚康标，何炎明．遗传学实验教程［M］．北京：高等教育出版社，2008.

[7] 杨大翔．遗传学实验［M］．北京：科学出版社．2004.

[8] 朱睦元，王君晖．现代遗传学实验［M］．杭州：浙江大学出版社，2009.

实验二十六 植物染色体组型分析

【实验目的】

1. 掌握植物染色体制片技术、显微照相及组型分析技术。

2. 结合实验，对某一新资源植物进行染色体组型分析，获得该物种染色体组型公式、类型、核型图及核型模式图。

【实验原理】

凡是细胞处于活跃增殖状态或经过某种实验处理后进入细胞分裂状态的任何植物组织，均可以作为染色体分析的材料；通过预处理，来降低细胞质的黏度，促进染色体缩短分散，妨碍纺锤体形成；通过纤维素酶、果胶酶酶解去壁，使分生细胞的原生质体能从细胞壁里压出来，经过精心制片，使染色体周围不带有细胞质或仅有少量的细胞质，获得图像清晰、完整、高度分散的染色体典型图像。

各植物总的染色体数目都是恒定的，二倍体植物体细胞内都含有两组相同的染色体，每一条染色体都有两条染色单体。细胞有丝分裂时，每一条染色单体分向细胞两极，形成子细胞；细胞分裂间期染色单体复制，纵裂并向的两条染色单体往往通过着丝粒联在一起。着丝粒在染色体上的位置是固定的，呈现出一个淡染色区间。着丝粒的两端是染色体的"两臂"，着丝粒不在中央的染色体，就必然有长臂（q）、短臂（p）之分。由于着丝粒位置不同，可以把染色体分成中部着丝粒染色体（m）、近中部着丝粒染色体（sm）、近端部着丝粒染色体（st）及端部着丝粒染色体（t）。有些染色体除了着丝粒之外，还有一段稍窄的淡染色区，叫次缢痕；次缢痕的远端突起，为随体（satellite）。

所谓核型就是指：一个细胞内有丝分裂中期的染色体按照一定的顺序排列起来所构成的染色体图像；通常是将显微摄影得到的染色体照片粘贴或用染色体核型分析系统软件处理生成的染色体图像。所谓组型就是指：通过许多细胞染色体测量，取其平均值绘制成的染色体模式图；通常是用染色体相对长度（relative length）、臂指数（arm index）、着丝粒指数（centromere index）等形态特征参数来描述染色体模式图。由于染色体是基因的载体，核型代表了种属的特征，所以染色体组型分析对于探讨植物生命奥秘、生物起源、物种间亲缘关系、远缘杂种鉴定等方面都有重要意义。

【实验材料】

1. 蚕豆根尖，$2n = 2X = 12$。
2. 某新资源植物茎尖、幼叶或子房。

【实验器具及试剂】

1. 实验器具

普通生物显微镜，数码摄影显微镜，数码相机，计算机图像处理系统，培养箱，恒温水浴锅，喷墨彩色打印机，载玻片，盖玻片，眼科镊子，不锈钢剪刀，单面刀片，磨口三角瓶，移液管，试剂瓶，凹型孔白瓷板，玻璃板，烧杯，天平，电炉，染色缸，扩大镜，游标卡尺，滤纸片，玻片标签纸。

2. 实验试剂

8-羟基喹啉，秋水仙素，氯化钾，甲醇，冰乙酸，纤维素酶，果胶酶，对二氯苯，氯化钠，柠檬酸钠，磷酸二氢钾，磷酸氢二钠，氢氧化钡，甘油，盐酸，胰蛋白酶，尿素，氯化钙，EDTA，Giemsa，洋红，地衣红，卡宝品红，锡夫（Schiff）试剂。

【实验方法及步骤】

1. 植物染色体制片技术及方法

（1）正确取材

一般来讲，凡是能进行细胞分裂的植物组织或单个细胞，都可以作为染色体制片材料；正确取材就是强调取材部位一定要准确，取材数量一定要少而精，切忌多而杂，材料新鲜，尽可能是活材料。

① 根尖

用能见根冠的根尖材料作为实验材料比较适宜；染色体制片在根尖分生细胞区取材。物种不同根冠及分生区的长度也不同，一般而言，用于染色体制片的根尖长度，以根冠末端 1~2mm 为宜。根尖材料获得的方法很多，常有种子发芽、鳞茎水培、扦插取根、引发气生根等。

② 茎尖

用能见生长锥的茎尖材料作为实验材料比较适宜；生长锥侧面的叶原基细胞

也是染色体制片取材的好材料。物种不同，生长锥的形状及宽度也不相同，且易受季节影响。

③ 幼叶

幼叶的取材大小，依物种而异，但总原则是幼叶越小越好，一般以含有叶轴的幼叶 5～10mm 长为宜，子叶则以 1.5～3mm 为宜。

④ 花蕾

花蕾的取材时间，通常需要定期镜检做出选择，多数植物在开花前 10d 以上；其方法是在孕蕾期取含有幼小花药和子房的小花 3～5mm 方可。

⑤ 花粉

取样时间，与减数分裂取材时间相当，多数植物在开花前 3～12d，主要以植物的某些形态特征为参考依据。

⑥ 愈伤组织

一般来讲，以转移到新鲜培养基上，经 3～7d 培养后的材料比较适宜；在解剖镜下观察，细胞个体小，细胞核大，细胞质浓的愈伤组织分生细胞是染色体制片最佳取样材料。

(2) 预处理

① 处理药剂

可以用作染色体预处理的化学药品，主要有生物碱、苷类、酸类及其他物质。

a. 秋水仙素：有效浓度为 0.001%～1%，常用浓度为 0.05%～0.2%。

b. 8-羟基喹啉：常用浓度为 0.002mol/L，少数学者使用 0.004mol/L 浓度。

c. 对二氯苯：一般采用现配现用的方法，即称取 5g 对二氯苯结晶，用 40～45℃ 蒸馏水 100mL 溶解，振摇 5min，静置 1h，取上清液，10～20℃ 下预处理。

② 处理方法

就材料本身而言，预处理的方法有离体处理、非离体处理和低温三种。

a. 离体处理：即将处理器官或组织从母体上切除下来，浸没在预处理液中。多用培养皿铺 2 层滤纸，加一浅层预处理液，均匀摆齐，让小部分材料能露出预处理液的液面，也可以用指形管浸没材料的方法进行处理。一般来讲，提高预处理效果，应该做到：被处理的材料忌多，根尖或茎尖每管不超过 15 个，每皿不超过 30 个；切取的材料忌大，根尖或茎尖长 2～3mm；注意避光通氧，采用经常更换预处理液或振摇的方法完成预处理过程；预处理温度不宜太高，20℃ 为宜，一般不超过 25℃；预处理时间依物种不同而不同，一般 1～3h。

b. 非离体处理：预处理材料没有与母体分开，仅仅是把要预处理的部分浸入预处理液中，如带有种子种根、鳞茎、根状茎、茎节的根尖，只将根尖分生区浸没在预处理液中进行处理。非离体处理的药物多是秋水仙素，因预处理时间过长，则可能导致染色体数目加倍，产生多倍化细胞。处理的方法是，把分生区组织浸没在预处理液中，20℃条件下，多数植物一般不超过 25℃，大染色体类型材料处理 12～20h，小染色体类型材料处理 4～5h。如果需要将预处理材料保存 7d 以上时，用非离体处理比较好。

c. 低温处理：低温也有抑制纺锤体形成的作用，将活体材料或离体材料浸入蒸馏水，置于 4℃冰箱中处理 20～40h，有一定的预处理效果。

（3）前低渗

① 处理药剂：多用氯化钾，也用双重蒸馏水，但效果差些。

② 处理方法：去掉预处理液，用 0.075mol/L 氯化钾低渗液浸没材料，25℃下处理 30min。如果因时间或工作的原因，需将预处理材料保存几天或一段时间，则前低液处理时间不宜太长，一般不超过 10min（6～8min），用甲醇：冰乙酸＝3：1 新鲜固定液固定 4h，转入 75％乙醇，再转入 50％乙醇中保存备用。酶处理之前，用蒸馏水冲洗多次，并浸泡 30min。

（4）酶解去壁

① 处理药剂：纤维素酶，果胶酶。

② 处理方法：将纤维素酶及果胶酶按 5％的浓度充分溶解，再按 1：1 等量混合，配成 2.5％浓度混合酶，现配现用。吸除前低渗液后，加入混合酶液；25℃下处理 2～4h，物种不同，处理时间也不同，以被处理材料一触即破为度。

（5）后低渗

处理方法：混合酶液回收以后，用（25±0.5)℃蒸馏水清洗 2～3 次。如果用吸管回收酶液或吸掉清洗液时，被处理材料也有被吸出危险，应该放慢操作速度或者适当减少清洗次数。清洗完毕后，向被处理材料中缓慢加入新鲜双蒸馏水，浸没材料为度，(25±0.5)℃下浸泡 30min，让细胞吸水膨胀。

（6）固定

① 处理药剂：a. 卡诺氏Ⅰ：冰乙酸：无水乙醇＝1：3，比较适宜于动物染色体标本制片；卡诺氏Ⅱ：冰乙酸：氯仿：无水乙醇＝1：3：6，比较适宜于油脂类含量较多的生物。b. 冰乙酸：甲醇＝1：3，通用于多数生物染色体标本制片。

② 涂片制备法的材料固定方法：将低渗后的材料直接用固定液，固定 30min 以上。固定液宜现配现用，固定时间依物种而不同，固定 30min～20h，材料粗大宜长，反之则短，4℃低温下固定的效果更佳，一般为 30min。

（7）涂片

涂抹、敲碎涂抹、悬液法制片，后自然干燥或火焰干燥。

（8）染色

常用药剂：醋酸洋红、地衣红、碱性品红、石炭酸品红、姬母萨。

上述（1）～（8）步都是用植物活体材料直接去壁低渗，再固定进行染色体标本制片的方法，称为活体材料制片法。为了方便野外材料采集，又提出了预先固定材料的去壁低渗方法，大体步骤为：正确取材→预处理→甲醇冰乙酸固定→前低渗→酶解去壁→后低渗→涂片或悬液法滴片→染色，方法同前。

（9）实验观察

染色体标本玻片干燥后，先用低倍镜找分裂细胞区，再用高倍镜观察染色体，把染色体数目齐全、分散度高、重叠很少的图像，记录其染色体数目、坐标及图像，作实验报告，尽可能地观察到染色体的长臂、短臂、着丝点位置及某些染色体次缢痕、随体；图像十分清晰的玻片，在材料面右边贴上标签，说明材料名称，制片时间，工作者姓名。

（10）封片

将玻片在二甲苯中脱水 1h，晾干后，在典型分裂图形处滴上 1 滴中性树脂，盖上盖玻片封片，制成永久玻片。

2. 植物染色体组型分析技术

（1）核型分析的约定标准

① 染色体的数目

由于减数分裂二价体难以保证准确，所以，仅除苔藓和蕨类因材料所限而用减数分裂细胞记数外，一般以体细胞染色体数目为准。统计的细胞数目应在 30 个以上。其中 85% 以上的细胞具有恒定一致的染色体数目，即可认为是该植物种染色体数目。如果观察材料是混倍体，则应如实记录其染色体数目变异范围及各类细胞的数目及百分比。

② 染色体的形态

作为核型分析的染色体，一般以体细胞分裂中期的染色体作为基本形态，如果减数分裂粗线期的染色体分散良好，着丝粒清晰者，也可以用作核型分析。核型分析的细胞数目以 5 个以上的细胞为准，不仅要求有一定的数量，更要求有高质量的染色体图像，才会保证核型分析准确。

a. 染色体长度

染色体绝对长度（或实际长度）：均以微米（μm）表示，一般宜在放大照片或图像上进行测量，换算成 μm 长度。

染色体绝对长度＝放大染色体长度(mm)/放大倍数×1000。

绝对长度值只在有些情况下才有相对的比较价值；在许多情况下，它不是一个可靠的比较数值，因为预处理条件和染色体缩短的程度不同，即使是同一个物种，不同的实验者测得的绝对长度往往有明显的差异。

染色体相对长度：均以百分率表示，计算相对长度值的方法，在过去的文献中也有多种公式，现以 Levan(1964) 的公式计算为准。

染色体相对长度(%)＝染色体绝对长度(μm)/染色体组总长度(μm)×100

每对同源染色体长臂的相对长度(%)＝染色体长臂的绝对长度(μm)/染色体长臂的总长度(μm)×100

染色体相对长度系数：染色体长度/全组染色体平均长度，这是郭辛荣等人（1972）提出的对染色体长度分类的方法。相对长度系数＜0.76 时为短染色体（S）；0.76≤相对长度系数≤1.00 时为中短染色体（M1）；1.00≤相对长度系数≤1.25 时为中长染色体（M2）；相对长度系数≥1.26 时为长染色体（L）。

染色体长度比：是指核型中最长染色体与最短染色体的比值，即染色体长度比＝最长染色体/最短染色体。在 Stebbins（1971）的核型分类系统中，它是衡量核型对称或不对称的两个主要指标之一。

b. 臂比

臂比的计算公式为：臂比＝染色体长臂/短臂，臂比列入核型分析表中。

c. 着丝粒位置

据染色体臂比，参照 Levan（1964）的染色体命名规则，经过讨论，略加修改，即取小数点后两位数值，以严格区分，并列入核型分析表中。着丝点在染色体上的位置是固定的，由于着丝点位置不同，可以把染色体分成几种形态种类（表 26-1）。

表 26-1　据臂比进行染色体命名标准参照 Levan（1964）

臂比值	着丝点位置	染色体命名	简记符号
1.00	正中部着丝点	正中着丝点染色体	M
1.01～1.70	中部着丝区	中部着丝粒染色体	m
1.71～3.00	近中着丝区	近中着丝粒染色体	sm
3.01～7.00	近端部着丝区	近端着丝粒染色体	st
7.01 以上	端部着丝区	端部着丝粒染色体	t
∞＋	端部着丝点	端部着丝点染色体	T

③ 核型的表述格式

包括核型计算的基本数据、染色体序号、模式照片、核型图、核型模式图、核型公式及核型分类 7 个内容。

a. 核型测定数据表：核型分析中各项测定的平均数值，应列表报道，列表内容要简明实用，其格式和项目见表 26-2。

表 26-2　染色体相对长度、臂比和类型

序号	短臂长度	长臂长度	全长	臂比	类型
1	9.934	10.099	20.033	1.017	m
2	6.954	8.278	15.232	1.188	m
⋮					
n					

表中染色体序号一律用阿拉伯字母，相对长度和臂比均取小数点后两位数，第三位数四舍五入。染色体绝对长度变异范围、染色体长度比、核型类别等内容在表下单列说明。随体的长度一般不计算在染色体全长内，列表时，在具有随体或次缢痕的染色体应在表中该染色体序号上标上"＊"号。

b. 染色体序号：一律按染色体全长，由长到短按序编号。如果两对染色体长度完全相等，则按短臂长度顺序排序。性染色体及 B 染色体一律排在最后。二型核型，如中国水仙、芦荟等植物，则长染色体群按 L1、L2…顺序排列，短染色体群按 S1、S2…顺序排列。异源多倍体，根据其亲本的染色体组分别排列。如普通小麦按 A、B、C 三组分别编号排列，而不是全部 21 对染色体统一顺序排列。如果核型中有差异明显而恒定的杂合染色体对时，则应分别测量每一成员的长度值和臂比值，分别列于表中，编号可以任选其中一成员为准，并附加说明。

c. 模式照片：一般每种材料应附一张有代表性的中期染色体的完整照片，并标明一个以微米为长度单位的标尺，便于目测染色体大小，尽量少用放大倍数。

d. 核型图：将于模式照片同一细胞的染色体剪下或复制粘贴，参考染色体长度和臂比值，进行同源染色体配对，然后按表格中的染色体序号顺序排列。

e. 核型模式图：用表中所列各染色体的相对长度均值绘图，横坐标为染色体序号，纵坐标为染色体相对长度（％），如图 26-1 所示。

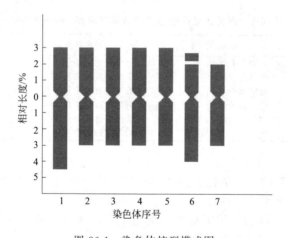

图 26-1　染色体核型模式图

f. 核型公式：综合核型分析的结果，将核型的主要特征以公式形式表示。它简明扼要、便于记忆和比较。如牛角椒 $2n = 24 = 20m + 2sm(SAT) + 2st(SAT)$。

g. 核型分类。据 Stebbins（1971）参照生物界现有核型分析资料，根据核型中染色体长度和臂比两项主要特征，区分核对称和不对称性程度，将其分成 12 种类型（表 26-3）。

表 26-3　12 种核型类型分类表

染色体长度比	臂比值＞2 的染色体的百分比			
	0.00	0.01～0.50	0.51～0.99	1.00
＜2∶1	1A	2A	3A	4A
2∶1～4∶1	1B	2B	3B	4B
＞4∶1	1C	2C	3C	4C

染色体长度比＝最长染色体长度÷最短染色体长度

染色体组型类型 1A 为最对称型，4C 为最不对称型。

该分类法在分析和讨论核型进化的一个方面是有参考价值的，可以作为核型表述的一项内容。

④ 关于具有小染色体的植物核型分析

所谓小染色体，是指其长度在 $2\mu m$ 以下而又不容易分辨着丝粒的染色体。以往，这类植物所提供的唯一细胞学信息就是染色体数目。为了核型研究的范围，对这类植物提供比单一的数目更多一些有用的核型信息，初步拟定如下几个方面进行核型的分析比较。

a. 染色体数目。

b. 具有随体染色体的数目。

c. 每对染色体的相对长度值。

d. 染色体长度比。

e. 如果含有大小差别明显的染色体，可以分大、小群分别统计其数量和长度，以及各自所占染色体组全长的百分比。

(2) 染色体组型分析步骤

① 染色体数目确定；

② 显微照相：将选取的 5～10 个染色体分散良好的中期细胞分别显微照相，每一个分裂细胞照 1～3 张，并同时将镜台测微尺在同样倍数下拍照。

③ 冲洗放大或放大打印：普通相机为了增加反差，可以用 D-19 冲卷，按显微摄影技术显影、定影、冲洗、考片。放大前，应该先用镜台测微尺底片校正放大倍数。例如：镜台测微尺每一小格为 1×10^{-2} mm 欲放大 2000 倍，1×10^{-2} mm×2000＝20mm，测微尺每一小格 20mm，即为 2000 倍，或者将 20mm 长线表为 $10\mu m$，如此类推计算出照片的准确扩大倍数。数码相机，将照片输入计算机，选定需要打印的照片，每张相纸打印 4～6 张照片。

④ 剪贴或粘贴：用眼科剪刀，缓缓沿染色体边缘将每一条染色体剪下放在小培养皿内，数码照片采用复制粘贴方式，粘贴在同一条线上。

⑤ 染色体配对：首先目测配对，根据染色体的长短和形态特征，进行同源染色体配对。有条件的情况下，可以采用染色体组型自动分析系统进行。

⑥ 染色体排序：按染色体序号排列方法将一个细胞内所有染色体进行排队，编号。染色体配对后核型图翻拍。

⑦ 染色体测量：按染色体核型分析方法，完成染色体数目、染色体长度、长臂长度、短臂长度等各项测定工作。

⑧ 列染色体相对长度、臂比及类型分析表。

⑨ 绘制核型模式图。

⑩ 描述核型公式，进行核型分类。

（3）新资源植物染色体核型及带型分析

① 新资源植物染色体制片过程中经常碰到的3个难题

a. 中期分裂细胞频率低。主要是找到良好的预处理技术，一般可以在试剂种类、预处理时间、温度三个方面进行试验，获得该新资源植物良好的预处理技术。

b. 染色体或分裂细胞之间分散度不够。可以从酶处理温度、时间及制片技巧等环节多次试验，获得高度分散的染色体或典型分裂细胞。

c. 染色体着色不够。可以从固定时间、着色处理方法及着色时间上进行多次试验，寻找该新资源植物比较适宜的固定及染色技术。

为了获得某新资源植物种染色体制片的最佳工艺，可以根据新资源植物染色体制片最大难度点，拟分3～6因素，进行正交试验设计。如小染色体、多染色体植物，进化阶段高的植物，可以在预处理、低渗及酶解各个环节，从处理温度、时间上各设置2～3个水平进行正交试验，探讨新资源植物染色体制片工艺，获得最佳染色体图像。

② 新资源植物核型分析中经常碰到的难题

a. 染色体数目齐全、完整，且染色体充分分散的技术难题。可以从预处理、低渗及酶解处理三个环节上提高染色体制片质量，预处理与中期分裂细胞频率有关，低渗与染色体分散、清晰度有关，酶解与染色体数目齐全、完整有关。同时一定要强调染色体数目确定的细胞数目，至少在30个典型染色体图像的分裂细胞中，染色体数目恒定时，方能作为该新资源植物的染色体数目。

b. 具有小染色体植物的核型分析难题。对这类植物进行核型分析，还应该注意染色体数目、具有随体染色体的数目、每对染色体的相对长度值、染色体长度比及大小差别明显的染色体分大、小群统计染色体数量和长度的问题。

③ 新资源植物核型研究小论文的写作

a. 获取国内研究动态。

b. 核型研究小论文。

【作业及思考题】

1. 验交1张染色体制片。

验交1张某植物染色体组型分析的照片，提交该植物的倍性、染色体基数、核型组成、公式、分类及染色体相对长度、臂比、臂指数、染色体长度比、不对称系数等内容，且均符合国内外通用的方法或标准的实验报告（表26-4）。

表 26-4　实验结果登记表

材料	视野	典型染色体图像素描	染色体图像细胞频率	染色体数目估计

① 染色体图像细胞频率计算方法：以典型染色体图像细胞为中心，向四周观察 10 个连续的细胞，记录 10 个连续细胞中，有染色体图像的细胞数目（取值范围 0.1～1.0）。

② 试验结果整理及统计分析：包括数据分析及有关文字描述。

2. 去壁低渗法在细胞遗传学、细胞生物学中具有哪些重要意义？要获得比较理想的某植物核型应该注意哪些技术环节？

3. 着丝粒在核型分析中有哪些重要意义？如何判断着丝粒位置？

【参考文献】

[1] 刘祖洞，江绍慧. 遗传学实验 [M]. 第二版. 北京：高等教育出版社，1987.
[2] 王建波，方呈祥，鄢慧民，章志宏. 遗传学实验教程 [M]. 武汉：武汉大学出版社，2004.
[3] 杨大翔. 遗传学实验 [M]. 第二版. 北京：科学出版社，2010.

实验二十七　重组质粒的构建、转化和蓝白筛选

【实验目的】

1. 掌握重组质粒 DNA 的构建方法。

2. 掌握感受态细胞的制备和转化技术。

3. 掌握蓝白斑筛选阳性克隆的原理和方法。

【实验原理】

1. 重组质粒 DNA 的构建

将目的基因用 DNA 连接酶连接在合适的质粒载体上就是重组质粒 DNA 的构建，即 DNA 的体外重组过程。这样重新组合的 DNA 叫做重组质粒、重组体或重组子，因为是由两种不同的 DNA 组合而成，所以又称为异源嵌合 DNA。DNA 重组的方法主要有黏端连接法和平端连接法。常用的 DNA 连接酶有两种：T_4噬菌体 DNA 连接酶和大肠杆菌 DNA 连接酶。两种 DNA 连接酶都有将两个带有相同黏性末端的 DNA 分子连在一起的功能，而且 T_4噬菌体 DNA 连接酶还有一种大肠杆菌 DNA 连接酶没有的特性，即能使两个平末端的双链 DNA 分子连接起来。用所得到的重组质粒转化细菌，即可成功。

但在实际应用上，鉴别重组体的工作并非轻而易举。如何区分插入外源 DNA 的质粒和无外源 DNA 插入而自身重新环化的载体是实际工作中面临的主要问题之一。通过调整连接反应中外源 DNA 和载体的浓度，可以将载体的自身环化限制在一定程度之下。

2. 重组质粒 DNA 的转化

转化（transformation）是指质粒 DNA 或以它为载体构建的重组子导入受体细菌，从而使它的基因型和表型发生相应变化的过程。将质粒 DNA 导入宿主细胞时，未经特殊处理的培养细胞对重组 DNA 分子不敏感，难以转化成功。细菌处于容易吸收外源 DNA 的状态叫感受态。受体细胞经过一些特殊方法（如 $CaCl_2$，$RuCl$ 等化学试剂）的处理后，细胞膜的通透性发生变化，就成为能容许含有外源 DNA 的载体分子通过的感受态细胞（competent cell）。这种细胞具有较高的转化频率。一般而言，载体分子愈小转化效率愈高；环状 DNA 分子比线性 DNA 分子的转化率高 1000 倍。

转化过程完成后，将细菌放置在非选择性培养基中保温一段时间，促使在转化过程中获得的新的表型（如 Amp^r 等）得到表达，然后将此细菌培养物涂在一定的选择性培养基（如含有氨苄青霉素的选择性培养基）上进行培养，从而获得转化子。

3. 重组质粒的阳性克隆的筛选

重组质粒转化宿主细胞后，可以用许多方法从大量细胞中筛选出极少的含有重组质粒的细胞，常见的方法有插入失活、蓝白斑筛选（α 互补）、直接筛选、限制酶谱分析、表达筛选和核酸探针筛选等。其中，蓝白斑筛选是最常用的一种鉴定方法。

蓝白斑筛选的原理：现在使用的许多载体都带有一个大肠杆菌 DNA 的短区域，其中含有 β-半乳糖苷酶基因（lacZ）的启动子及其 α 肽链的 DNA 序列，称为 LacZ′ 基因。LacZ′ 基因编码的 α 肽链是 β-半乳糖苷酶的氨基端的短片段（146 个氨基酸）。这个编码区中插入了一个多克隆位点，它并不破坏可读框，但可使少数几个氨基酸插入到 β-半乳糖苷酶的氨基端，而不影响功能。这种载体适用于可编码 β-半乳糖苷酶 C 端部分序列的宿主细胞。虽然宿主和质粒编码的片段各自都没有酶活性，但它们可以融为一体，形成具有酶学活性的蛋白质。这样，lacZ′ 基因上缺失近操纵基因区段的突变体与带有完整的近操纵基因区段的 β-半乳糖苷酶隐性的突变体之间实现互补，这种现象叫做 α 互补。由 α 互补产生的 lac^+ 细菌易于识别，因为它们在显色底物 X-gal(5-溴-4-氯-3-吲哚-β-D-半乳糖苷) 存在下能够将无色的 X-gal 切割成半乳糖和深蓝色底物 5-溴-4-靛蓝，从而形成蓝色菌落。因此，任何携带 lacZ′ 基因的质粒载体转化了染色体基因组存在着此种 β-半乳糖苷酶突变的大肠杆菌细胞后，便会产生出有功能的 β-半乳糖苷酶，在 IPTG(异丙基硫代 β-D-半乳糖苷) 诱导后，在含有 X-gal 的培养基平板上形成蓝色菌落。然而，外源基因片段插入到位于 *LacZ'* 基因中的多克隆位点后，就会破坏 α 肽链的阅读框，导致产生无 α 互补能力的氨基端片段。因此，带有重组质粒载体的细菌克隆形成白色菌落。通过目测就可以筛选出带有重组质粒的菌落，然后通过小量制备质粒 DNA 进行限制酶酶切分析，就可以确定这些质粒的结构。

【实验材料】

外源 DNA 片段：自行制备的带限制性末端的 DNA 溶液，浓度已知；

载体 DNA：pBS 质粒（Amp^r, *lacZ*），自行提取纯化，浓度已知；

宿主菌：*E.coli* DH5α 或 JM 系列等具有 α 互补能力的菌株。

【实验器具及试剂】

1. 实验器具

恒温摇床、台式高速离心机、恒温水浴锅、电热恒温培养箱、冰箱、琼脂糖凝胶电泳装置、超净工作台、微量移液枪、Eppendorf 管、离心管、玻璃棒、接种环、试管、培养皿、旋涡振荡器等。

2. 实验试剂

（1）LB 培养基：胰蛋白胨 10g，酵母提取物 5g，NaCl 10g，用 5mol/L NaOH 调 pH 至 7.4，定容至 1000mL，如果是固体培养基加琼脂粉 15g/L，高压灭菌。

（2）X-gal [5-溴-4-氯-3-吲哚-β-D-半乳糖苷]（5-bromo-4-chloro-3-indolyl-β-D-galactoside）：储液浓度为 20mg/mL，溶于二甲基甲酰胺中，−20℃暗处保存。

（3）IPTG：取 2g IPTG 溶于 8mL 双蒸水中，定容至 10mL，过滤除菌，−20℃保存。

（4）0.1mol/L CaCl$_2$。

（5）抗生素母液，T$_4$ DNA 连接酶及其缓冲液。

【实验方法及步骤】

1. DNA 的连接

目前获得重组质粒 DNA 分子的方法主要有两种：一种是在 T$_4$ DNA 连接酶的作用下，将纯化的外源目的基因片段与质粒载体直接连接；另一种是先将纯化的外源目的基因与质粒载体分别用相同的内切酶进行切割，然后在 T$_4$ DNA 连接酶的作用下，利用酶切产生的黏性互补末端将外源目的基因与质粒载体连接起来。本实验选用直接连接的方法，其步骤简述如下。

（1）建立反应体系

10×连接缓冲液：	1μL
载体 DNA：	xμL（0.5μg）
插入片段：	xμL（1.0μg）
T$_4$ 连接酶：	0.5～1μL

去离子水补足体积至 10μL。

（2）上述混合液轻轻震荡后再短暂离心，然后置于 16℃ 保温过夜。

（3）65℃ 加热 10min 终止反应，连接后的产物可以立即用来转化感受态细胞或置 4℃ 冰箱保存备用。

2. 感受态细胞的制备

（1）新鲜幼嫩的细胞是制备感受态细胞和进行成功转化的关键。从 37℃ 培养 16～20h 的新鲜平板中挑取一个单菌落，转到一个含有 100mL LB 培养基的 1L 烧瓶中，于 37℃ 剧烈震荡培养 2～3h（300r/min），为得到有效转化，活菌数不应超过 10^8 个/mL。

（2）将菌液分装到预冷无菌的 1.5mL 离心管中，冰上放置 10min，使培养物冷却到 0℃，然后 4℃ 5000r/min 离心 10min，以回收细胞。将离心管倒置以倒尽上清液。

（3）以 1mL 用冰预冷的 0.1mol/L $CaCl_2$ 溶液重悬沉淀，冰浴 30min。

（4）5000r/min 离心 10min，弃上清液后，用 1mL 冰预冷的 0.1mol/L $CaCl_2$ 溶液重悬，冰浴 30min。

（5）4℃ 5000r/min 离心 10min，弃上清液后，用 200μL 冰预冷的 0.1mol/L $CaCl_2$ 重悬沉淀。在超净工作台中按照每管 200μL 分装到 1.5mL 离心管中，此细胞为感受态细胞，可直接用于转化实验，或者立即放入 −80℃ 超低温冰箱中冻存备用。

3. 热激转化及蓝白筛选

（1）每管中（200μL 感受态细胞）加入已连接好的重组质粒 DNA 溶液（体积小于等于 10μL，质量小于或等于 50ng），轻轻旋转混匀内容物，冰上放置 30min。

（2）将离心管放入 42℃ 水浴中 90s 进行热休克（勿震动离心管）。然后迅速转移回冰浴中，冷却细胞 2～3min。

（3）在超净工作台中向上述各管加 800μL 的 LB 液体培养基（不含抗菌素）轻轻混匀，然后将离心管转移到 37℃ 摇床上，150r/min 震摇 45min，使细菌复苏，并且表达质粒编码抗生素抗性标记基因。

（4）在制备好的含相应抗生素的 LB 平板上先后滴加 4μL IPTG（200mg/mL）和 40μL X-gal（20mg/mL）。用无菌的玻璃涂布器把 IPTG 溶液涂布于整个平板的表面。待 IPTG 被吸收后，再加入 X-gal。

（5）待平板表面的液体被完全吸收后，将待检细菌接种到平板上。倒置平皿 37℃ 培养 12～16h。

（6）再将平皿转移到 4℃ 冰箱中放置数小时，使蓝色充分显现，观察平板。

注：含有载体自连的转化菌落为蓝色，而带有插入片段的转化菌落为白色，

即白色菌斑为阳性克隆。

4. 酶切鉴定重组质粒

用无菌牙签挑取白色单菌落接种于含相应抗生素的 5mL LB 液体培养基中，37℃下震荡培养 12h。提取质粒 DNA 直接电泳，同时以抽提的空载体 pBS 质粒作对照，有插入片段的重组质粒电泳时迁移率比 PBS 质粒的迁移率慢。再用与连接末端相对应的限制酶进一步进行酶切检验。还可用杂交法筛选重组质粒。

【注意事项】

1. DNA 连接酶用量与 DNA 片段的性质有关，连接平齐末端，必须加大酶量，一般为连接黏性末端使用酶量的 10～100 倍。

2. 在连接带有黏性末端的 DNA 片段时，DNA 浓度一般为 2～10mg/mL，在连接平齐末端时，需加入 DNA 浓度至 100～200mg/mL。

3. 连接反应后，反应液在 0℃ 可储存数天，−80℃ 可储存 2 个月，但是在 −20℃ 冰冻保存将会降低转化效率。

4. 黏性末端形成的氢键在低温下更加稳定，所以尽管 T_4 DNA 连接酶的最适反应温度为 37℃，在连接黏性末端时，反应温度以 10～16℃ 为好，平齐末端则以 15～20℃ 为好。

5. 在连接反应中，如不对载体分子进行去 5′ 磷酸基处理，便用过量的外源 DNA 片段（2～5 倍），这将有助于减少载体的自身环化，增加外源 DNA 和载体连接的机会。

6. IPTG 诱导 β-半乳糖苷酶基因产生有活性的 β-半乳糖苷酶。X-gal 在半乳糖苷酶作用下水解生成的吲哚衍生物显现蓝色，从而使菌落发蓝。

7. 在含有 X-gal 和 IPTG 的筛选培养基上，携带载体 DNA 的转化子为蓝色菌落，而携带插入片段的重组质粒转化子为白色菌落，平板如在 37℃ 培养后放置于冰箱中 3～4h 可使显色反应充分，蓝色菌落明显。

【作业及思考题】

1. 连接反应的温度选择依据是什么？

2. 转化的原理是什么？

3. 什么是蓝白斑筛选，怎样进行蓝白斑筛选？应注意哪些问题？

4. 影响转化频率的因素有哪些？

5. 在用质粒载体进行外源 DNA 片段克隆时主要应考虑哪些因素？

6. 制作感受态细胞的过程中，应注意哪些关键步骤？

【参考文献】

[1] 刘桂丰. 遗传学实验原理与技术 [M]. 哈尔滨：东北林业大学出版社，2004.
[2] 李雅轩，赵昕. 遗传学综合实验 [M]. 北京：科学出版社，2006.
[3] 卢龙斗，常重杰. 遗传学实验技术 [M]. 北京：科学出版社，2007.

实验二十八 哺乳类及鸟类的性别决定基因分析

【实验目的】

1. 学习采用 PCR 方法扩增目标目的 DNA 片段的基本原理，掌握 PCR 反应的操作步骤，了解 PCR 在遗传学研究中的应用。

2. 学习性别决定基因的分析方法。

【实验原理】

聚合酶链式反应（Polymerase Chain Reaction，PCR）是体外扩增特定 DNA 片段的常用方法。根据 DNA 复制的原理，以含有待扩增 DNA 的溶液为模板，在耐热 DNA 聚合酶的作用下，以与待扩增的 DNA 两端 3' 端序列互补的寡核苷酸为引物，以游离的 dNTP 为底物，通过变性、复性、延伸等反复循环的过程，合成大量特定 DNA 片段。PCR 能在短时间（一般 3～4h）内使微量的、特异的模板 DNA 得到大量的扩增。因此，PCR 检测技术具有快速、灵敏、简便等优点。

DYZ1 是位于 Y 染色体长臂（3.4kb）上的特异区重复序列，位于异染色质区，有 800～5000 个拷贝。国内大多数学者采用扩增 *DYZ1* 序列的方式做产前性别鉴定。*DYZ1* 序列的 PCR 结果与染色体核型检测结果基本相符，存在 Y 染色体时 *DYZ1* 扩增为阳性；不存在 Y 染色体时，扩增为阴性。*DYZ1* 目的序列拷贝多可增加检测的敏感性和准确性，且减少 DNA 污染引起误诊的可能性。*DYZ1* 序列可用于研究生殖器官畸形、性发育异常的基因结构分析和临床诊断，为治疗提供新的实验依据。

鸟类的 *CHD1* 基因位于性染色体上，在非平胸总目中有两个同源拷贝 *CHD1-W* 和 *CHD1-Z*，其中 *CHD1-W* 为 W 连锁，*CHD1-Z* 为 Z 连锁。*CHD1-W* 和 *CHD1-Z* 的外显子序列和大小相似，内含子大小却有很大差别。通过引物设计扩增出长度不同的片段可以区分鸟类样本性别。

【实验材料】

人的毛发（带发根）或指尖血液，雄鸡和母鸡血样品。

【实验器具及试剂】

1. 实验器具

PCR 仪、微量移液器、电泳仪、电泳槽、紫外灯、离心管、水浴锅、剪刀、PCR 反应管、吸头。

2. 实验试剂

Taq 酶、DNA 提取试剂盒、无菌水、引物、琼脂糖、TAE 溶液、EB、矿物油、生理盐水、1% EDTA 溶液、DNA 抽提液或 Blood Genome DNA Extraction Kit（Takara）、异丙醇。

3. *DYZ1* 基因片段扩增引物

P1：5′-TCC ACT TTA TTC AGG CCT GTT CC-3′

P2：5′-TTG AAT GGA ATG GGA ACG AAT GG-3′

4. *CHD1* 基因片段扩增引物

P3：5′-GTT ACT GAT TCG TCT ACG AGA-3′

P4：5′-ATT GAA ATG ATC CAG TGC TTG-3′

【实验方法及步骤】

1. 样本处理

（1）头发样本

① 拔取 4～5 根新鲜毛发，用生理盐水清洗，晾干。

② 剪下带毛囊的发根，放入 1.5mL 离心管中，加入 40mL DNA 提取液，65℃水浴 10min。

③ 12000r/min 离心 5min，取上清液到新的离心管中即可作为模板 DNA。

（2）血液样本

① 吸取 20～50μL 鲜血放入装有 1‰EDTA 的 1.5mL 离心管中。

② 按每 10μL 血液加 50μL Sol Ⅰ，立即振荡几秒钟，室温放置 10min。

③ 12000r/min 以上离心 5min，用移液器小心除去上清液，注意不要碰到沉淀。

④ 加入 2 倍体积 Sol Ⅱ，注意不要冲击沉淀；颠倒离心管 3 次，室温 12000r/min 离心 2min，小心除去上清液。

⑤ 加入 100μL Sol Ⅲ，充分混匀，使沉淀溶解，加入 100μL 异丙醇，上下颠倒混匀，沉淀 DNA。

⑥ 12000r/min 离心 20min，小心除去上清液，低速离心除去残余异丙醇，加入 10μL 水溶解 DNA，取 5μL 检测。

2. PCR 反应

（1）在 PCR 反应管中配制反应混合液，总体积为 25μL，反应体系见下表。

成分	体积/μL	成分	体积/μL
10×buffer	2.5	*Taq* 酶	1.0U
2mmol/L dNTP	2.0	模板 DNA	3.0～4.0
25mmol/L MgCl₂	1.5	无菌双蒸水	13.0～14.0
引物	各 1.0	矿物油	1 滴

（2）按下列程序在 PCR 仪上运行 PCR 反应

94℃变性 5min 后，94℃变性 15s，55℃复性 30s，72℃延伸 30s，35 个循环，72℃延伸 5min。

3. PCR 产物的电泳检测

取 10μL PCR 扩增产物，经过 0.8％琼脂糖凝胶电泳后 EB 染色，在紫外灯下观察，确定 149bp 条带的有无，如果有带为男性，如果无带为女性。对于鸡的性别鉴定来说，雄鸡的 DNA 扩增条带为 600bp，母鸡的 DNA 扩增条带为 600bp 和 450bp 两条带。

【注意事项】

由于 PCR 反应的灵敏度极高，稍有污染就会影响扩增结果的可靠性。实验操作过程应最大限度地防止污染，保持清洁，应在相对分割区域进行工作，试剂应放在冰上操作，人类性别鉴定最好由女性完成操作。图 28-1、图 28-2 可供实验参考。

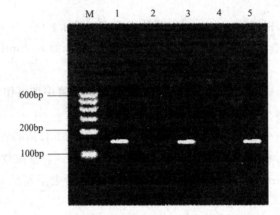

图 28-1 *DYZ1* 基因片段扩增结果用于人的性别鉴定

M—间隔 100bp 的 DNA marker；1、3、5—男性样本
扩增结果；2、4—女性样本扩增结果

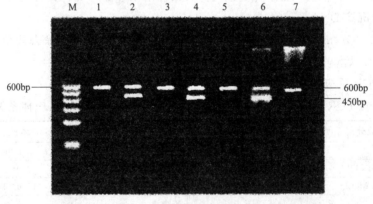

图 28-2 *CHD1* 基因片段扩增结果用于家鸡性别鉴定

M—间隔 100bp 的 DNA marker；1、3、5、7—雄鸡样本扩增结果；
2、4、6—母鸡样本扩增结果

【作业及思考题】

1. PCR 反应体系的配制过程中，哪些量是可以改变的，为什么？

2. PCR 反应在遗传学研究中还可以应用到哪些方面？

【参考文献】

[1] 乔守怡. 遗传学分析实验教程 [M]. 北京：高等教育出版社，2008.

[2] 王嘉力，贾存灵，苏利红，魏泽辉. 家鸡 *CHD1* 基因 PCR 快速性别鉴定方法的建立及其在早期鸡胚中的应用 [J]. 家禽科学，2009，12：3-7.

[3] 王建波，方呈祥，鄢慧民，章志宏. 遗传学实验教程 [M]. 武汉：武汉大学出版社，2004.

[4] 张冬梅，崔满华，黄冰玉. SRY 基因在遗传性疾病产前性别鉴定中的诊断价值 [J]. 吉林大学学报（医学版），2002，28（3）：281-283.

第三篇 研究性实验

实验二十九 植物染色体 C 带显带技术

【实验目的】

学习和掌握植物染色体 C 带显带技术。

【实验原理】

依据染色体形态和着丝粒位置进行的核型分析，有时候难以对染色体进行精细区分。1968 年，瑞典细胞学家 Casperson 率先建立了染色体显带技术（Q带），通过某种特殊的染色方法使染色体显现出深浅不一的带纹，可用于鉴别染色体组及单个染色体，并可识别染色体结构的变异。

染色体是染色质纤维螺旋、折叠形成的，这种螺旋化程度在沿染色体纵轴的方向上是不均一的，染色体分带技术通过改变染色体上固有的蛋白质和核酸的相互作用，使这种常、异染色质结合染料分子能力的不均一性更显著的表现出来，从而显示出不同的带纹。现已发展出 Q 带、G 带、C 带、N 带、T 带等多种染色体显带技术。人类染色体带型图见图 29-1。

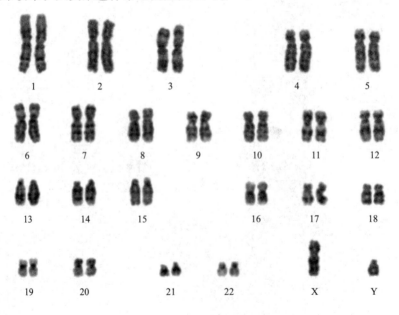

图 29-1 人类染色体带型图

C 带又称组成型异染色质带，可显示染色体上组成型异染色质（constitutive heterochromatin）的分布位置，主要集中在着丝粒、端粒、核仁组成区域等部位。G 带（Giemsa band）是指将中期染色体制片经胰酶或碱、热、尿素、去污剂等处理后，再用吉母萨（Giemsa）染料染色使染色体呈现出的特征性带纹。G 带分布于染色体的全部长度上，以深浅相间的横纹形式出现。N 带通过 Ag-As 染色法显示核仁组织区的位置。T 带又称末端带（terminal band），通过吖啶橙染色显示染色体的端粒区段。染色体显带技术在植物中应用最多的是 C 带和 G 带技术。

植物染色体 C 带技术在染色体制片干燥后，需要经过酸、碱处理，再经盐溶液处理，最后 Giemsa 染色显带。C 带技术的显带流程有很多种，如 BSG 法（BaOH-SSC-Giemsa）、NSG 法（NaOH-SSC-Giemsa）、ASG 法（Acetic acid-SSC-Giemsa）、HBSG 法（HCl-BaOH-SSC-Giemsa）和 HSG 法（HCl-SSC-Giemsa）等。

【实验材料】

洋葱（*Allium cepa*，$2n=16$）鳞茎。

【实验器具及试剂】

1. 实验器具

显微镜、显微照相设备、培养箱、恒温水浴锅、分析天平、量筒、烧杯、容量瓶、棕色试剂瓶、滴瓶、染缸、载玻片、盖玻片、剪刀、镊子、刀片、滤纸、玻璃板、牙签、切片盒等。

2. 试剂

磷酸缓冲液（pH 6.4～6.8）、Giemsa 母液、5％氢氧化钡溶液、2×SSC 溶液、冰乙酸、乙醇、秋水仙素等。

【实验方法及步骤】

1. 根尖培养：剥去洋葱鳞茎外层皮，剪去老根，置于盛有清水的烧杯上培养生根。

2. 预处理：当根生长至 1～2cm 时，室温下（20～25℃）用 0.2％秋水仙素处理 4h。

3. 固定：剪下洋葱根尖，用卡诺氏固定液（无水乙醇：冰乙酸＝3：1）固定 24h。固定后的材料可转入 95％乙醇中低温保存，但不宜保存太久。

4. 解离：用预热至 60℃的 0.1mol/L HCl 处理根尖 6～10min，用蒸馏水洗净。

5. 制片选片

将根尖的分生组织部分放在载片上，加 1 滴 45％乙酸，用镊子将材料捣碎，加盖玻片，先用牙签轻敲使细胞分散，再用铅笔的橡皮头敲打压紧，使染色体紧贴在载玻片上。使用普通光学显微镜（需降低聚光器）或相差显微镜检测，选出染色体分散完整的制片。

6. 脱水

在冷冻状态下（液氮、冷冻室或冷冻机等）揭去盖片，然后将染色体制片依次放入95%、95%、100%、100%乙醇中逐级脱水脱酸，每级10~15 min，然后将制片放入切片盒中盖严，室温下空气干燥3天以上，最长不宜超过两个月。

7. 显带（BSG法）

将干燥后的染色体标本片子放入染缸中，加入新配制的5% $Ba(OH)_2$ 水溶液，于室温下处理5~10min，用自来水将 $Ba(OH)_2$ 溶液全部冲洗干净，然后换入蒸馏水中静置，每隔4~5min换水1次，共5~6次，以保证制片不受污染。冲洗干净之后，把制片放在37℃恒温箱中干燥30min，防止染色体在后续处理中脱落。

干燥后的制片放入60~65℃的 2×SSC（pH 7.0）中处理1~2h，然后用60~65℃ 蒸馏水洗10~30min，室温下干燥1h。

用新配制的10%的 Giemsa 溶液（用磷酸缓冲液配制）染色5~10min。蒸馏水冲洗，空气干燥。

8. 镜检

干燥后的染色体标本可以直接用显微镜观察，照相；也可用中性树胶封片，制成永久装片，长期保存。

【注意事项】

1. Giemsa 染料是一种复合染料，遇酸时红色染料会发生沉淀，使材料染成蓝绿色而不能显带，因此在 Giemsa 染色前必须把酸脱净。

2. 通常脱水后的染色体标本需要放置一段时间后才能显带，不宜立即进行染色显带。

3. 处于有丝分裂的晚前期或早中期时，染色体比典型的中期染色体长，显带后可得到更多更细的带纹，带纹也更稳定，是染色体显带的最佳时期。到了中期染色体带纹着色浅，带形变窄；晚中期的染色体收缩较短，往往难以获得清晰的带纹。

4. 正常情况下，染色体带纹呈深红或紫红色，非带区为淡红色，呈透明或半透明状，细胞质不染色。

【作业及思考题】

1. 制备一张质量较高的 C 带制片，仔细观察，并显微摄影，打印出照片。

2. 不同深浅和宽窄的染色带产生的原理是什么？

3. 植物染色体显带技术在哪些领域具有应用前景？

【参考文献】

[1] 王小利. 植物染色体 C-分带技术的改进 [J]. 高校实验室工作研究，2009，101：28-29.

[2] 张大乐，耿慧敏. 植物染色体 C-分带显带的机制 [J]. 生物学通报，2004，39（11）：19-21.

[3] 周洲，程罗根. 遗传学实验 [M]. 北京：科学出版社，2013.

实验三十 利用微核技术检测环境污染

【实验目的】

1. 了解微核产生的原理和微核试验的应用范围及意义。

2. 学会利用微核检测射线、水质或药物污染的方法。

【实验原理】

微核（micronuclei，MCN）是真核生物细胞中的一种异常结构，通常是细胞经辐射或化学药物的作用而产生的。在细胞间期，微核呈圆形或椭圆形，游离于主核之外，大小一般在主核的 1/3 以下，其折光率与细胞化学反应性质和主核一样，也具备合成 DNA 的能力。一般认为，微核是由有丝分裂过程后期丧失着丝粒的染色体断片产生的，或者是因某些原因导致分裂过程中滞留的一条或者几条染色体形成。这些断片或染色体在细胞分裂末期被两个子细胞核所排斥便形成了第 3 个核块——微核。20 世纪 70 年代初期由 Matter 和 Schmid 首先建立起利用微核来检测环境中的各种理化及生物因子对机体产生的潜在遗传损伤的方法，称为微核试验（micronucleus test，MNT）。目前，许多实验已经证实，和染色体畸变的情况一样，微核率的高低是和利用药剂量或辐射剂量呈正相关的。所以认为可以用简易的间期微核计数来代替繁杂的中期畸变染色体计数，通过测定植物的微核率来评价各种诱变物质的遗传毒性。本实验利用蚕豆根尖作为实验材料进行微核测试，显示各种处理诱发畸变的效果，并可用于污染程度的监测。

由于大量新的化学物质的合成、原子能的利用、各种各样的工业废物的排出，使人们很需要一套高灵敏度、技术简单的测试系统来检测环境的变化。只有真核生物的测试结果更能直接推测和反映诱变物质对人类或其他高等生物的遗传危害。微核测试，就是较为理想的一种测试系统。目前国内外不少部门已经将该测试系统应用于辐射损伤和防护、化学诱变剂、新药实验、环境监测、染色体遗传疾病及癌症前期诊断等各方面。

【实验材料】

蚕豆种子、室内培养的蚕豆根尖。

【实验器具及试剂】

1. 实验器具

烧杯、剪刀、镊子、载玻片、盖玻片、瓷盘、纱布、培养皿、光学显微镜等。

2. 实验试剂

待测污水或药物溶液、重金属离子、洗涤或化妆用品溶液；

固定液：卡诺氏固定液（无水乙醇：冰醋酸＝3：1）；

染色液：改良苯酚品红（配制方法见附录）。

【实验方法及步骤】

1. 实验方法

（1）河流水质污染微核监测。

（2）农药对微核形成的影响。

（3）利用微核技术监测不同重金属离子对植物细胞微核的影响。

（4）洗涤用品或化妆用品对微核形成的探讨。

2. 实验步骤

（1）种子萌发

将实验用的蚕豆按需要量放入盛有自来水的烧杯中，25℃条件下浸泡12h，期间至少换水2次。种子吸涨后，散放于铺有纱布的瓷盘中，保持湿度，25℃温箱中催芽12～24h，待初生根长出2～3mm时，取出发芽良好的种子，放入铺有湿纱布的瓷盘中，25℃继续催芽，经36～48h，大部分初生根长1～2cm，根毛发育良好，即可用于检测。

（2）待测物处理根尖

待测污水、农药、重金属或洗涤化妆用品；自来水（蒸馏水）处理作为对照。

每一处理选取约10粒生长良好、根的长度相对一致的种子，放入盛有待测物溶液的培养皿中，使被测液浸没根尖。处理12～18h。

（3）根尖恢复培养

处理后的种子用自来水浸洗3次，每次2～3min，然后再放入铺有湿纱布的瓷盘中25℃培养24h。

（4）根尖的固定

将恢复后的种子从根尖顶端切下1cm长的幼根放入广口瓶中，以卡诺氏固定液进行固定2～24h，保存于70％乙醇溶液中。

（5）根尖染色体标本制片

具体步骤参见实验一和实验二。

（6）显微镜观察并统计

在低倍镜下找到分生区细胞分散均匀、分裂相较多的部位，再转高倍镜观察。

微核识别标准如下。

① 在主核大小的 1/3 以下，并与主核分离的小核。

② 小核着色与主核相当或稍浅。

每一处理观察 3 条根尖，每根尖计数 1000 个细胞，统计其中含微核的细胞数，然后取平均值，即为该处理的微核千分率（表 30-1）。

表 30-1　蚕豆根尖微核检测记录表

镜检日期：　　　　　　　　　　　　　　　　　　　　　　　　　　　镜检者：

片　　　号	第 一 片		第 二 片		第 三 片	
	细胞数	微核数	细胞数	微核数	细胞数	微核数
各自观察的细胞数或微核数						
总计						
平均微核千分率						

若对污水检测，则根据以下公式鉴定出所测水样的污染程度。也可依据此式计算化学药剂的污染指数。

污染指数（PI）＝样品实测微核千分率平均值/对照实测微核千分率平均值

污染指数在 0～1.5 时基本没有污染；1.5～2.5 时为轻度污染；2.5～3.5 时中度污染；3.5 以上为重度污染。

【作业及思考题】

1. 简述实验观察的微核细胞的种类及其形成原因。

2. 统计各处理剂量的微核千分率，并对结果进行分析。

3. 分析所用诱变物对遗传物质的诱变机制并比较遗传毒性的大小。

4. 画出具有微核的细胞示意图。

【参考文献】

[1] 李雅轩，赵昕. 遗传学综合实验 [M]. 北京：科学出版社，2006.
[2] 乔守怡. 遗传学分析实验教程 [M]. 北京：高等教育出版社，2008.
[3] 王爽，诸葛坚，余应年. 微核与微核试验在遗传毒理学中的应用 [J]. 癌变、畸变、突变. 2000，12（4）：253-256.
[4] 张文霞，戴灼华. 遗传学实验指导 [M]. 北京：高等教育出版社，2007.

实验三十一　微生物的诱变育种

【实验目的】

1. 学习菌种的物理因素诱变育种的基本技术方法。

2. 以紫外线诱变方法获得用于酱油生产的高产蛋白酶菌株。

【实验原理】

紫外线对微生物有诱变作用，是一种常用的诱变作用的物理因素，紫外线诱变最有效的波长为 260nm，主要能使 DNA 的分子结构发生改变（同链 DNA 的相邻嘧啶间形成共价结合的胸腺嘧啶二聚体），而影响 DNA 正常复制，从而造成基因突变，引起菌体遗传性变异。紫外线诱变一般采用 15W 或 30W 紫外线灯，照射距离为 20～30cm，照射时间依菌种而异，一般为 1～3min，死亡率控制在 50%～80% 为宜。被照射处理的细胞，必须呈均匀分散的单细胞悬浮液状态，以利于均匀接触诱变剂，并可减少不纯种的出现。同时，对于细菌细胞的生理状态，要求培养至对数生长期为最好。

【实验材料】

米曲霉斜面菌种。

【实验器具及试剂】

1. 实验器具

三角瓶（300mL、500mL）、试管、培养皿（直径 9cm）、恒温摇床、恒温培养箱、紫外照射箱、磁力搅拌器、脱脂棉、无菌漏斗、玻璃珠、移液管、涂布器、酒精灯。

2. 实验试剂

豆饼斜面培养基、酪素培养基、蒸馏水、0.5% 酪蛋白。

【实验方法及步骤】

1. 出发菌株的选择及菌悬液制备

（1）出发菌株的选择

可直接选用生产酱油的米曲霉菌株，或选用高产蛋白酶的米曲霉菌株。

（2）菌悬液制备

取出发菌株转接至豆饼斜面培养基中，30℃培养 3～5d 活化。然后孢子洗至装有 1mL 0.1mol/L pH6.0 的无菌磷酸缓冲液的三角瓶中（内装玻璃珠，装量以大致铺满瓶底为宜），30℃振荡 30min，用垫有脱脂棉的灭菌漏斗过滤，制成把子悬液，调其浓度为 10^6～10^8 个/mL，冷冻保藏备用。

2. 诱变处理

用物理方法或化学方法，所用诱变剂种类及剂量的选择可视具体情况决定，有时还可采用复合处理，可获得更好的结果。本实验学习用紫外线照射的诱变方法。

（1）紫外线处理

打开紫外灯（30W）预热 20min。取 5mL 菌悬液放在无菌的培养皿中，同时制作 5 份。逐一操作，将培养皿平放在离紫外灯 30cm（垂直距离）处的磁力搅拌器上，照射 1min 后打开培养皿盖，开始照射，与照射处理开始的同时打开磁力搅拌器进行搅拌，即时计算时间，照射时间分别为 15s、30s、1min、2min、5min。照射后，诱变菌液在黑暗冷冻中保存 1～2h 然后在红灯下稀释涂菌进行初筛。

（2）稀释菌悬液

按 10 倍梯度稀释至 10^{-6}，从 10^{-5} 和 10^{-6} 中各取出 0.1mL 加入到酪素培养基平板中（每个稀释度均做 3 个重复），然后涂菌并静置，待菌液渗入培养基后倒置，于 30℃ 恒温培养 2～3d。

3. 优良菌株的筛选

（1）初筛

首先观察在菌落周围出现的透明圈大小，并测量其菌落直径与透明圈直径之比，选择其比值大且菌落直径也大的菌落 40～50 个，作为复筛菌株。

（2）平板复筛

分别倒酪素培养基平板，在每个平皿的背面用红笔划线分区，从圆心划线至周边分成 8 等份，1～7 份中点种初筛菌株，第 8 份点种原始菌株，作为对照。培养 48h 后即可见生长，若出现明显的透明圈，即可按初筛方法检测，获得数株二次优良菌株，进入大摇瓶复筛阶段。

（3）摇瓶复筛

将初筛出的菌株，接入米曲霉复筛培养基中进行培养，其方法是，称取麦麸 85g，豆饼粉（或面粉）15g，加水 95～110mL（称为润水），水含量以手捏后指缝有水而不下滴为宜，于 500mL 三角瓶中装入 15～20g（料厚为 1～1.5cm），121℃ 湿热灭菌 30min，冷却后分别接入以上初筛获得的优良菌株，30℃ 培养，24h 后摇瓶一次并均匀铺开，再培养 24～48h，共培养 3～5d 后检测蛋白酶活性。

（4）蛋白酶的测定方法

① 取样：培养后随机称取以上摇瓶培养物 1g，加蒸馏水 100mL（或 200mL），40℃ 水浴，浸酶 1h，取上清浸液测定酶活性。另取 1g 培养物于 105℃ 烘干测定含水量。

② 酶活性测定：30℃ pH7.5 条件下水解酪蛋白（底物为 0.5％酪蛋白），每分钟产酪氨酸 $1\mu g$ 为一个酶活力单位。

（5）谷氨酸的检测：此项检测也是酱油优良菌株的重要指标之一。

检测培养基：豆饼粉：麦麸＝6：4，润水 75％，121℃ 湿热灭菌 30min。

谷氨酸测定：于以上培养基中加入 7％盐水（质量体积分数），40～45℃ 水浴，水解 9d 后过滤，以滤液检测谷氨酸含量（测压法）。

【作业及思考题】

1. 试列表说明高产蛋白酶菌株的筛选过程和结果。

2. 试述紫外线诱变的作用机理及其在具体操作中应注意的问题。

3. 为什么在诱变前要把菌悬液打散和培养一段时间？

【参考文献】

[1] 舒海燕，田保明. 遗传学实验 [M]. 郑州：郑州大学出版社，2008.
[2] 王建波. 遗传学实验教程 [M]. 武汉：武汉大学出版社，2004.
[3] 张根发. 遗传学实验 [M]. 北京：北京师范大学出版社，2010.
[4] 祝水金. 遗传学实验指导 [M]. 北京：中国农业出版社，2005.
[5] 郭善利，刘林德. 遗传学实验教程 [M]. 北京：科学出版社，2004.

实验三十二 应用分子标记技术鉴定作物杂交种子的纯度

【实验目的】

1. 掌握 SSR 分子标记的基本原理和操作方法。

2. 掌握作物杂交种子纯度的分子检测方法。

【实验原理】

植物杂交种子纯度鉴定在农业生产上具有重要的意义，杂交种子纯度鉴定包括传统的田间鉴定、同工酶鉴定和分子标记鉴定，其中分子标记是最为准确和可靠的鉴定方法，可用于作物种子纯度鉴定的分子标记主要有 RFLP、RAPD、SSR、AFLP 和 ISSR 标记等。不同类型的分子标记检测方法存在一定差异，本实验主要以 SSR 分子标记为例说明分子标记检测的原理和方法。SSR 标记（simple sequence repeat），是目前最常用的分子标记之一。由于基因组中某一特定的微卫星的侧翼序列通常都是保守性较强的单一序列，因而可以将微卫星侧翼的 DNA 片段克隆、测序，然后根据微卫星的侧翼序列就可以人工合成引物进行 PCR 扩增，从而将单个微卫星位点扩增出来。由于单个微卫星位点重复单元在数量上的变异，个体的扩增产物在长度上的变化就产生长度的多态性，这一多态性称为简单序列重复长度多态性（SSLP），每一扩增位点就代表了这一位点的一对等位基因。由于 SSR 重复数目变化很大，所以 SSR 标记能揭示比 RFLP 高得多的多态性。

【实验材料】

三系或两系杂交水稻亲本和杂交 F_1 种子。

【实验器具及试剂】

1. 实验器具

高速离心机、恒温水浴锅、2.0mL Eppendorf 管、吸头、手套、微量移液器、高压灭菌锅、pH 计、PCR 仪、紫外分光光度计、垂直电泳仪、水平电泳槽、电泳仪等。

2. 实验试剂

（1）2×CTAB 提取液

CTAB 2%，Tris-HCl（pH 8.0），100mmol/L，EDTA 20mmol/L，NaCl

1.4mmol/L

（2）氯仿/异戊醇（24∶1），70％乙醇，无水乙醇，琼脂糖，RNA 酶，Goldoiao 核酸染料，TE 溶液，10×TBE 溶液。

（3）PCR 反应试剂盒（包含 *Taq* DNA 聚合酶、10×PCR buffer、dNTPs）、SSR 引物（表 32-1）、DNA Marker（DL2000）、6×Loading buffer。

表 32-1　可用于杂交水稻种子鉴定的部分 SSR 引物序列

引物	染色体	引 物 序 列	
		F 端引物	R 端引物
RM1	1	GCGAAAACACAATGCAAAA	GCGTTGGTTGCACCTGAC
RM10	7	TTGTCAAAGAGGAGGCATCG	CAGAATGGGAAATGGGGTCC
RM17	12	TGCCCTGTTATTTTCTCTC	GGTGGACCTTTCCCCATTTCA
RM101	12	GTGAATGGTCAAGTGGACTTAGGTGGC	ACACAACATGTTCCCTCCCATGC
RM110	2	TCGAAGCCATCCACCAACGAAG	TCCGTACGCCGACGAGGTCGAG
RM136	6	GAGAGCTCAGGCTGCTGCCTCTAGC	GGGAGCGCCACGGTGTACGCC
RM224	11	ATCGATCGATCTTCACGAGG	TGCTATAAAAGGCATTCGGG
RM267	5	TGCAGACATAGAGAAGGAAGTG	AGCAACAGCACAACTTGAATG
RM310	8	CCAAAACATTTAAAATATCATG	GCTTGTTGGTCATTACCTTTC
RM336	7	CTTACAGAGAAACGGCATCG	GCTGGTTTCAGGTTCG

（4）硝酸银、NaOH、尿素（分析纯）、丙烯酰胺、亚甲基双丙烯酰胺、甲醛、四甲基乙二胺（TEMED）、冰乙酸、硫代硫酸钠、过硫酸铵。

（5）固定/终止液：10％冰乙酸。

（6）染色液：混合 2g 硝酸银，3mL 37％的甲醛于 2L 预冷的蒸馏水中，现用现配。

（7）显影液：在 2L 预冷的蒸馏水中溶解 60g 碳酸钠，冷却至 10～12℃，临用前，加入 4mL 37％甲醛，400μL 硫代硫酸钠（10mg/mL）。

【实验方法及步骤】

1. 水稻 DNA 提取

（1）材料准备，将水稻亲本和 F_1 代种子进行发芽一周后可取叶子进行 DNA 提取。

（2）取少量水稻叶片，用蒸馏水洗净，放研钵中加 800μL 65℃预热的 2×CTAB 提取液，充分研磨。

（3）将粗提液装入 2.0mL 的离心管中，置 65℃水浴锅中温育 30～60min，间或轻摇离心管。

（4）将离心管取出，冷却至室温，加入等体积（约 800μL）的氯仿∶异戊醇（24∶1）（氯仿是有机溶剂，有毒，小心，不要弄到桌面或移液器上）。

（5）将离心管上下颠倒几次，装入离心机中（注意平衡，先低速启动，再慢慢加速），10000r/min，10min。

（6）缓慢吸取上清液（不要吸到中间层的杂质），转入另一离心管（如杂质较多，可重复第3～4步骤）。再加入等体积冰冻无水乙醇，轻轻颠倒几次，可见白色的 DNA 絮状沉淀。

（7）将离心管装入离心机中，6000r/min，离心3min，取出，弃上清液。

（8）将离心管中加入1mL 70%的乙醇清洗，然后倒出乙醇。

（9）待 DNA 在室温中干后，加200μL 的 TE 溶液或双蒸水，−20℃冰箱中保存。

2. DNA 浓度的测定

（1）讲解和练习紫外分光光度计的使用方法。

（2）取20μL 提取的水稻 DNA，加入1980μL 蒸馏水对待测 DNA 样品做1∶100（或更高倍数的稀释）；蒸馏水作为空白，在波长260nm、280nm 处调节紫外分光光度计读数至零。

（3）加入 DNA 稀释液，测定260nm 及280nm 的吸收值。260nm 读数用于计算样品中核酸的浓度，OD_{260} 值为1相当于约50μg/mL 双链 DNA 或33μg/mL 单链 DNA。可根据在260nm 以及在280nm 的读数的比值（OD_{260}/OD_{280}）估计核酸的纯度（图32-1）。一般 DNA 的纯品，其比值为1.8，低于此数值说明有蛋白质或其他杂质的污染。

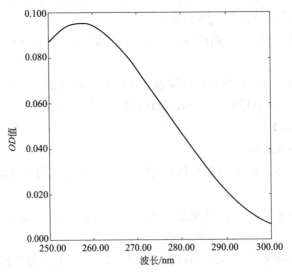

图32-1　水稻总 DNA 紫外分光吸收图谱

（4）记录 OD 值，通过计算确定 DNA 浓度或纯度，公式如下：

$$dsDNA(\mu g/mL) = 50 \times (OD_{260}) \times 稀释倍数$$

3. 聚合酶链式反应（PCR）和引物筛选

以分布于水稻12条染色体中的 SSR 引物对杂交组合及亲本多态性进行筛

选，只有在亲本中能检测到有多态性的引物才可能用于杂交种子纯度鉴定。

PCR 反应按以下步骤进行。

（1）0.5mL Eppendorf 管一个，反应总体积 20μL，用移液器按以下顺序分别加入各种试剂：

反应体系	体积/μL	反应体系	体积/μL
ddH$_2$O	13.8	primer(R)	0.5
10×buffer	2	primer(F)	0.5
Mg^{2+}	1.5	Taq 酶	0.2
dNTPs	1	DNA 模板	0.5

将上述样品混合，离心后按以下反应程序进行 PCR 扩增。

（2）PCR 扩增程序

① 94℃预变性 4min。

② 94 ℃变性 30s。

③ 52℃复性 30s。

④ 72℃延伸 1min。

⑤ 再回到第 2 步，共计 35 个循环。

⑥ 72℃ 延伸 8min。

⑦ 维持 12℃。

⑧ 结束。

4. 垂直电泳检测 PCR 扩增产物

（1）制胶装置的清洗和组装

先用洗涤剂清洗长、短玻璃板及间片，然后用自来水冲洗干净，再用无水酒精擦洗一次，晾干。然后按使用说明将制胶装置装好，为了防止漏胶，在长短玻璃间的间片可涂一些凡士林，制胶装置装好后，稍微倾斜，以备灌胶。

（2）灌胶

凝胶一般用 6% 变性凝胶（表 32-2），其他成分先混好，在灌胶前，凝胶溶液中加入四甲基乙二胺（TEMED），10% 过硫酸铵（APS），混匀立即灌胶。将配制好的胶溶液沿玻璃板的点样端轻轻灌入，以免产生气泡，待胶灌满后迅速插入梳子，静置 2h 左右，让胶聚合凝固。

表 32-2 6%变性凝胶配方

凝 胶 浓 度	6%
尿素(分析纯)	16.8g
10×TBE	4mL
40%丙烯酰胺胶贮液（Acrylamide/Bis19：1）	6mL
超纯水加至	40mL

（3）电泳装置及上样前准备

待凝胶凝固后，小心拔出梳子，连同装胶板一起装到电泳槽中，加入适量的 1×TBE 电泳缓冲液到上、下电泳槽中，然后用移液器冲走在点样孔中的尿素溶液。点样前，5μL PCR 产物与 2μL 载样缓冲液混合。

（4）上样

用注射器或移液器将已混合的样品点到点样孔中，每次点样为 5μL 左右，同时在两边的点样孔点上分子量标记 DNA。

（5）电泳

点样完毕，接上电源，100V 恒压电泳 2h。

（6）银染

① 漂洗：电泳结束后取下胶板，自来水冲洗玻璃板双面，预冷，将凝胶从玻板中取出，用蒸馏水漂洗 2 次。

② 银染：将凝胶转入 1g/L 硝酸银溶液中，轻轻摇 10～20min。

③ 显色：凝胶用蒸馏水漂洗 1 次后，转入显色液中（12～15g 氢氧化钠，定容至 1L，使用前加入 4mL 甲醛），边摇边观察，直至条带清晰。

④ 固定凝胶：在显色液中直接加入等体积的固定/终止液。停止显影反应，固定凝胶。

⑤ 浸洗：在超纯水中浸洗凝胶两次，每次 2min，注意在本操作中戴手套拿着胶板边缘避免在胶上印上指纹。

⑥ 读带及结果分析：可直接在胶上进行读带和照相（图 32-2）。如果长时保存凝胶，可用保鲜膜包好，放入冰箱。

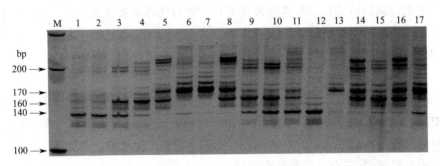

图 32-2 引物 RM224 对六个杂交水稻及其亲本的扩增图（引自时宽玉等，2005）

M—分子量标记；1—龙特浦 A；2—龙特浦 B；3—特优 559F$_1$；4—盐恢 559；5—Ⅱ优 559F$_1$；6—Ⅱ32A；7—Ⅱ32B；8—Ⅱ优 084F$_1$；9—084；10—协优 084F$_1$；11—协青早 A；12—协青早 B；13—广占 63S；14—丰两优 1 号 F$_1$；15—9311；16—两优培九 F$_1$；17—培矮 64S

【注意事项】

1. 本实验涉及内容较多，请大家认真阅读有关资料，掌握实验原理。

2. 本实验所用的一些试剂具有一定的毒性，请大家注意安全。

3. 本实验所用时间较长，在进行部分实验内容时可以安排另外实验。

4. 不同的农作物品种所需的 SSR 引物是特异的，需要专门合成。

5. 如果凝胶不凝固，有可能是因为 10％的过硫酸铵失效，需要重新配制。

【作业及思考题】

1. 应用 SSR 技术检测植物杂交种子纯度应注意哪些因素？

2. 检测植物杂交种子纯度在生产上有什么作用？

【参考文献】

[1] 李稳香.杂交水稻生产安全和种子纯度鉴定技术研究［D］.长沙：湖南农业大学，2006.

[2] 时宽玉，洪德林.6 个水稻杂交组合与其亲本的 SSR 标记多态性及其应用［J］.南京农业大学学报，2005，28（4）：1-5.

[3] 张贵友，吴琼，林琳.普通遗传学实验指导［M］.北京：清华大学出版社，2003.

实验三十三 人类 ABO 血型的基因型鉴定

【实验目的】

1. 学会人类基因组 DNA 提取方法。

2. 掌握 PCR 扩增目的基因片段的技术。

3. 学会利用酶切技术鉴定人类 ABO 血型的基因型。

【实验原理】

人类 ABO 血型在输血、亲子鉴定、种族调查、个体识别及疾病研究等方面广泛应用。如前面血型遗传分析实验中所述，ABO 血清学的正反定型技术，可以快速检测鉴定这四种表型，但是却无法准确鉴定基因型。如 A 型个体的基因型是 $I^A I^A$ 还是 $I^A i$，B 型个体的基因型是 $I^B I^B$ 还是 $I^B i$。准确鉴定血型在临床输血安全、防止重大医疗事故发生方面可以提供更好的保障。

Yamamoto 等 1990 年报道了 ABO 基因的序列，证明 O 等位基因与 A、B 等位基因相比在 258th 碱基位置存在一个 G 碱基的缺失。该位点缺失导致出现 KpnI 酶切识别序列 "GGTA"，因此设计引物 1、引物 2 扩增 A、B、O 基因片段，A、B 基因片段长度为 200bp，O 基因片段为 199bp。对这些片段利用 KpnI 进行酶切，A、B 基因片段没有酶切位点不会被切开，呈现一条带；而 O 基因片段有酶切位点，将被切开为 171bp 和 28bp 两个片段。因此可以将 A、B 与 O 基因片段区分开（图 33-1）。

进一步克隆序列分析表明，A、O 等位基因在 700th 碱基位置为 G，而 B 等位基因序列在 700th 碱基位置则由 G 变为 A，出现 AluI 酶切识别序列 "AGCT"，设计引物 3、引物 4 扩增该基因片段为 159bp，利用 AluI 酶进行酶切，可知 B 基因片段将被切开为118bp和41bp两个片段；A、O基因的该片段没有酶切位点不能被切开。因此，可以根据是否切开及切开片段大小将B基因与A、O基因区分开（图33-2）。

5'TGC AGT AGG A AG GAT GTC CTC GTG GTG ACC CCT TGG CTG GCT CCC ATT GTC

引物1 ——→   KpnI 258th

TGG GAG GGC ACA TTC AAC ATC GAC ATC CTC AAC GAG CAG TTC AGG CTC CAG A

AC ACC ACC ATT GGG TTA ACT GTG TTT GCC ATC AAG AAG TAA GTC AGT GAG G

TG GCC GAG GGT AGA GAC CCA GGC AGT GGC GAG TGA CTG TGG ACA TT ......3'

                          ←—— 引物2

图 33-1   A、B基因片段258th位点为G（O基因该位点G碱基缺失）

5'GTG GAG ATC CTG ACT CCG CTG TTC GGC ACC CTG CAC CCC GGC TTC TAC GGA

引物3 ——→   700th AluI

AGC AGC CGG GAG GCC TTC ACC TAC GAG CGC CGG CCC CAG TCC CAG GCC TAC

ATC CCC AAG GAC GAG GGC GAT TTC TAC TAC CTG GGG GGG TTC TTC GGG GGG

TCG GTG...3'

←—— 引物4

图 33-2   A、O基因片段700th位点碱基为G（B基因该位点为碱基A）

    提取不同个体基因组DNA，分别进行引物1、2和引物3、4扩增，引物1、2扩增片段利用KpnI酶切；引物3、4扩增片段利用AluI酶切，电泳分析鉴定酶切片段大小。将引物1、2扩增酶切片段与引物3、4扩增的酶切片段同时比对进行分析，可将血型分为 AA、AO、BB、BO、AB 和 OO 六种基因型（表33-1）。

表 33-1   不同基因型酶切模式、可见条带数目及大小

引物1和引物2	扩增片段及 KpnI 酶切		引物3和引物4	扩增片段及 AluI 酶切	
基因型	酶切模式	可见带(bp)	基因型	酶切模式	可见带(bp)
AA	不酶切	200	AA	不酶切	159
AO	半酶切	200,171,28	AO	不酶切	159
BB	不酶切	200	BB	完全酶切	118,41
BO	半酶切	200,171,28	BO	半酶切	118,41,159
AB	不酶切	200	AB	半酶切	118,41,159
OO	完全酶切	171,28	OO	不酶切	159

具体判断依据如下。

（1）引物1、2扩增片段及引物3、4扩增片段均不被酶切的基因型为AA型。

（2）引物1、2扩增片段半酶切而引物3、4扩增片段不酶切的为AO型。

（3）引物1、2扩增片段不酶切而引物3、4扩增片段完全酶切的为BB型。

（4）引物 1、2 扩增片段半酶切而引物 3、4 扩增片段半酶切的为 BO 型。

（5）引物 1、2 扩增片段不酶切而引物 3、4 扩增片段半酶切的为 AB 型。

（6）引物 1、2 扩增片段完全酶切而引物 3、4 扩增片段不酶切的为 OO 型。

【实验器具及试剂】

1. 实验器具

离心机、PCR 仪、电泳仪、水浴锅、移液枪、1.5mL 离心管、PCR 管等。

2. 主要试剂

（1）蛋白酶 K（proteinase K）：用去离子水溶解浓度为 20mg/mL。

（2）动物基因组 DNA 快速抽提试剂盒。

（3）Buffer Digestion；BufferPA；TEBuffer（pH8.0）；

（4）引物设计及合成：结合参考文献［2］和 GENEBANK 中 ABO 基因序列号：FR828573.1 进行了修订。

引物 1：5' TGCAGTAGGAAGGATGTCCTC3'

引物 2：5' AATGTCCACAGTCACTCGCC3'

引物 3：5' GTGGAGATCCTGACTCCGCTG3'

引物 4：5' CACCGACCCCCCGAAGAA3'

（5）PCR 反应试剂

（6）琼脂糖电泳试剂：50×TAE 缓冲液，琼脂糖，6×Loading Buffer，EB 替代物，λDNA/Hind Ⅲ Marker 等。

（7）聚丙烯凝胶电泳试剂：30％的聚丙烯酰胺凝胶母液；TBE；φ×174 DNA/Hae Ⅲ marker；硝酸银；NaOH；35％的甲醛等。

【实验方法及步骤】

1. 取样

选取头后部较粗硬的头发 3～5 根，用镊子夹住根部，顺着头发方向迅速拔下，并用剪刀尽量剪去毛干部分，将剩下的放入 1.5mL 离心管中，使毛囊沾在离心管底部。

2. DNA 的提取

（1）加入 200μL Buffer Digestion，加入 10μL 蛋白酶 K，混匀后 65℃水浴 1h 至细胞完全裂解。

（2）加入 100μLBufferPA，混合均匀后，－20℃静置 5min。

（3）10000r/min 离心 5min，取上清转移至新的离心管中。

（4）加入等体积的异丙醇，颠倒 5～8 次使之充分混匀，室温放置 2～3min。10000r/min 离心 5min，弃上清。

（5）加入 500μL75％乙醇，颠倒清洗 1～3min，10000r/min 离心 2min，弃上清。该步骤重复一次。

（6）开盖室温倒置 5～10min 至残留的乙醇完全挥发。加入 20μLTE 缓冲液，溶解 DNA。

（7）1%琼脂糖电泳检测 DNA。

3. PCR 反应

（1）PCR 反应体系　　　12μL

10×Buffer	1.2μL
dNTP	0.3μL
引物 1	0.5μL
引物 2	0.5μL
Mg^{2+}	1μL
Taq^{2+}	0.3μL
模板	2μL
ddH_2O	6.2μL

（2）PCR 程序

①预变性：　　95℃　5min

②高温变性：　95℃　60s

③退火：　　　55℃　40s

④延伸：　　　72℃　120s

⑤延伸：　　　72℃　10min

②～④循环 35 次。结束后放置 4℃保存。

4. PCR 扩增片段的酶切

引物 1、2 扩增产物和引物 3、4 扩增产物分别用 KpnI 和 AluI（Promega 公司，美国）酶切。反应体系见表 33-2，37℃水浴 1h。

表 33-2　酶切体系

材　　料	体积	材　　料	体积
10×buffer	2μL	扩增产物	10μL
小牛血清(10mg/mL)	0.2μL	ddH_2O	7.3μL
KpnI(或 AluI)酶	0.5L(5U)	总体积	20μL

5. 酶切片段的检测

使用 8%的非变性聚丙烯凝胶电泳进行检测，具体步骤如下。

（1）固定玻璃板：长板处理面向上，把两个封条分别置于两侧，把梳子置于长板一端的两封条间。短板处理面向下盖到长板上，用夹子固定，再用胶带封闭除放有梳子一端外的其他三边缝，防止漏胶。

（2）配制胶溶液，取 30%的聚丙烯酰胺凝胶母液 10mL，向其中加入 1 倍 TBE 27.5mL，配制成 8%的 PAGE 胶溶液。

（3）灌胶：把梳子取出，用注射器取大约 40mL 的胶溶液，缓缓地使胶溶液注入两板间，等胶溶液快要溢出时，把玻璃板放平，倒插梳子，整个过程不要产生气泡。

（4）凝固：灌完胶后，放于室温让其自然凝固，观察胶边沿出现折射线就表明胶已凝固。凝胶可立即使用，或保存于室温 24h、4℃ 48h。

（5）预电泳：取 10×TBE 稀释到 1×TBE。向电泳仪下端槽内倒 1×TBE 约 500mL，向上槽倒 1×TBE，使液面高于短板上沿。打开变压器，调节电压为 80W，预电泳 10min。

（6）上样：3～5μL 酶切产物与 1μL 上样缓冲液混合；ϕ×174 DNA/Hae Ⅲ marker 作标准 DNA 参照。

（7）调节电压 200V，引物 1 和引物 2 的扩增片段及酶切片段电泳 40min，引物 3 和引物的扩增片段及酶切片段 4 电泳 30min。电泳完毕，关掉电泳仪。取下玻璃板，将胶进行标记。

（8）银染：取硝酸银 0.2g 加入到 200mL 去离子水中，配成 0.1% 的硝酸银溶液，将标记好的胶置于加入硝酸银溶液的托盘中进行银染，计时 7min。

（9）洗胶：把经固定的胶板置于盛有 500mL 的塑料盘中清洗两次，每次 2～4min。

（10）显色液配制：将 3g NaOH、2mL 35% 的甲醛加入到 200mL 去离子水中。

（11）显色：把清洗干净的胶置于盛有显色液的塑料盘中显色。显色时间根据条带和背景颜色深浅调整，达到条带清晰的目的。

（12）终止显色：把染色完毕的胶板用双蒸水清洗两次（每次 2min）。

（13）干胶：胶板置于保鲜膜中，室温自然干燥。

6. 基因型鉴定

根据酶切产物条带鉴定 ABO 血型的基因型。

【作业及思考题】

1. 根据实验结果统计并记录本班同学的 ABO 血型的各种基因型人数，计算 I^A、I^B 和 i 基因频率，

2. 利用 x^2 检验本班同学 ABO 血型是否处于遗传平衡状态。

【参考文献】

［1］ Yamamoto F，Hakomori S. Sugar-nucleotide donor specificity of histo-blood group A and B transferase is based on amino acid substitutions ［J］. Nature，1990，265：19257-19262.

［2］ 梁敏捷，程新志，王孝力，刘超，张继富，杨魏. PCR-RFLP 技术作 ABO 基因分型方法的建立 ［J］. 广东公安科技. 1999，1：9-13.

实验三十四　人类若干体表性状的调查与遗传分析

【实验目的】

1. 了解人类几种体表性状的遗传规律。

2. 培养实验设计、科普调查和数据分析归纳的能力。

【实验原理】

　　人体的体表性状主要包括：身高、体型、肤色、眼睛、鼻子、耳朵、舌头、头发、手脚等，这些性状基本上可分为两大类，即单基因决定的质量性状和多基因决定的数量性状。研究表明，遗传因素对人体出生后的体表性状有重要影响。例如，身高属于数量性状，由多基因决定，其遗传率可达 75%～80%。关于体型的遗传，有资料表明：若父母肥胖，其子女肥胖的概率约为一般孩子的 10 倍；父母均为瘦型，则子女身体肥胖的概率仅为 7%。黑色头发对浅色头发是显性的，是单基因决定的。鼻子的形态如鼻梁、鼻孔等分别是由 1 对基因控制。另外，很多体表性状如发旋、舌的运动、拇指类型、环食指长、扣手、交叉臂和惯用手等都是人类群体遗传学研究的经典指标。因而，学习和掌握人体若干体表性状的调查和遗传分析方法，对认识人类的体表性状遗传现象及规律，学习数量和群体遗传学都有重要意义。

【实验材料】

　　以本校各系院学生或某一区域人群为调查对象。

【实验器具】

　　白纸、直尺、三角尺、量角器、计算器等。

【实验方法及步骤】

　　1. 按照各种人类体表性状的判定标准，观察不同个体这些性状的变异特征和类型：

　　（1）发形与发旋

　　人类的发形有卷发和直发，卷发为显性性状，直发为隐性性状，其表现为不完全显性遗传。发旋观察的项目主要是其数目和方向。发旋数目可分为：单旋、双旋、多旋、无旋。发旋方向为依据头发由内向外排列呈漩涡的方向，顺时针者为顺旋，反之为逆旋。顺旋为常染色体显性性状，逆旋为常染色体隐性遗传。检查时让受检者背向检查者，在自然光下进行观察并记录。

　　（2）前额发际

　　前额发际指前额着生头发区域的边缘。前额发际有以下两种类型。

　　① 有美人尖型

　　前额发际其中心部分明显向面部突出，呈三角形发尖或 V 形发尖，此特征属于常染色体显性遗传。

② 无美人尖型

前额发际平齐，为常染色体隐性遗传。

（3）眼睑

眼睑即眼皮，有单层和双层之分，即俗称的单眼皮和双眼皮，依人种不同而有变异。蒙古人多为单眼皮，白种人多为双眼皮，中国人两种都有。其中双眼皮为显性遗传，单眼皮为隐性遗传。另有研究表明，单、双眼皮的出现率随人的年龄而有所变化，是一种延迟显性。

（4）蒙古褶

亦称内眦褶，是蒙古人种区别于其他人种的主要特征之一。在眼内角处，皮肤皱褶或多或少覆盖泪阜，表现为内眦处有肉状隆起即为有蒙古褶型。泪阜不被覆盖，完全暴露为无蒙古褶型。这一性状在西方人群中出现率低，但在蒙古人种的多数人群中出现率高。其中有蒙古褶为常染色体显性性状，无蒙古褶为隐性性状。

（5）达尔文结节

人的耳轮外后上部内缘的一个稍肥厚的结节状小突起，也称耳轮结节（图 34-1）。经达尔文比较研究和探讨，认为这一体征，相当于高等动物的耳尖部分，为人类进化过程中残留的痕迹器官之一，故称为达尔文结节。它是人类在进化过程中，随进化程度的提高而逐渐退化、消失的人体标志。其表现在不同个体间存在不同程度的差异，从无到有极明显变化不等。有人双耳都具有达尔文结节，有人仅有 1 个耳朵有，也有人无此特征。有结节的为常染色体显性基因决定，但其外显率低，无此结节为隐性基因决定。

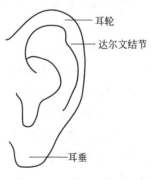

图 34-1 耳的外部形态

（6）耳垂类型

根据耳垂与颊部皮肤连接方式不同分为附着耳垂和游离耳垂两种类型：

① 附着耳垂（无耳垂型）

耳垂下部边缘向上吊起呈三角形，大部分或完全与颊部皮肤相连，即耳垂内侧完全与面部相连，其外侧缘与面部之间成明显的钝角相连续的形态。

② 游离耳垂（有耳垂型）

耳垂与颊部皮肤连接几乎成一水平线（方形）或耳垂向下悬垂成圆形。

在耳垂的两种类型中，游离耳垂为显性遗传，附着耳垂为隐性遗传。

（7）卷舌与叠舌

有些人舌的两个侧缘能够同时向上卷起，使舌呈筒状，甚至卷成筒，称为卷舌型。另一些人则不能，称为非卷舌型。1940 年，Sturtevant 首先研究了卷舌特性，认为卷舌主要由遗传因素决定。1947 年，Urbanowski 等确认卷舌为显性性状，非卷舌是隐性性状。

一些人舌的前部能向上、向后返折，并与舌面相贴，称为叠舌，另一些人则不能，称为非叠舌。1948 年，Hsu 发现了叠舌性状，确认为隐性性状。非叠舌对叠舌为显性。

多数研究认为卷舌与叠舌分别由 1 对等位基因控制。卷舌率、叠舌率均无性别间差异。1949 年，Lin 和 Hsu 针对卷舌与叠舌性状进行了大样本调查，未发现有人能叠舌而不能卷舌，故认为叠舌基因与卷舌基因之间不是自由组合，而是存在着基因互作。但也有人认为叠舌与卷舌的基因是相互独立的。

（8）拇指类型

人的拇指指尖关节活动度往往存在着个体差异，根据人拇指指间关节活动度，可把拇指分为直型（S 型）与过伸性（H 型），拇指的这种性状主要受遗传因素控制，直型为显性遗传，过伸性为隐性遗传。

观察时让受检者拇指指尖关节尽力后伸，从侧面观察指尖关节线和拇指中轴相交的角度。若角度大于 30°则为过伸型，小于 30°则为直型。

（9）环食指长

人的食指与环指（无名指）之间的长短关系与群体、性别有关，有研究者认为此性状属伴 X 染色体单基因遗传。食指长于环指称为食指长（I 型），为显性性状。环指长于食指称为环指长（R 型），为隐性性状。

调查时可将一张纸两次对折成互相垂直的十字痕迹。让受检者中指压贴于竖直的痕迹线，顺痕迹逐渐向上移动手。若食指尖先触到水平痕迹线，则为食指长；若环指尖先触到水平痕迹线，则为环指长。

（10）扣手、交叉臂、惯用手

此三个性状均属人类左、右侧不对称行为特征。扣手是国外学者研究最多的不对称行为特征，最早研究扣手的是 Lutz，他通过家系调查，发现扣手与遗传因素有关，在人很小的时候就已被固定，且以后不再改变。

扣手的调查方法是将左、右手相互对叉手指，若左手拇指在上时感到习惯则为左型（L 型），若右手拇指在上时感到习惯则为右型（R 型）。

交叉臂的调查方法是将左、右臂交叉抱于胸前，若左臂在上感到习惯则为左型（L 型），若右臂在上时感到习惯则为右型（R 型）。

惯用手的判断方法是看哪只手在活动时（如写字、用筷、打球、使用剪刀等）灵巧。但由于我国传统上一些家庭对子女使用左手写字、用筷加以限制，故不能仅凭写字或用筷习惯来判断惯用手，应综合多种活动特征来判断。若左手灵活则为左惯用手（L 型），若右手灵活则为右惯用手（R 型）。

2. 列表统计每种体表性状的变异类型在所调查人群中的频率（表 34-1）。

表 34-1　人类若干体表性状统计表

姓名	性别	发形		发旋		前额发际		眼睑		蒙古褶		达尔文结节		……		交叉臂		惯用手	
		直	卷	顺	逆	有	无	单	双	有	无	有	无			L	R	L	R

【作业及思考题】

1. 通过调查本校各院系学生或某一区域人群，将有关人类若干体表特征填写在调查表格中，应用统计学处理，计算与分析各种体表特征所占比例以及在性别或某一区域人群（或各民族）间是否存在差异等。

2. 从人类若干体表性状中选择几个性状进行个人的家谱调查，画出家谱图，并写出相关调研报告。

3. 思考题

（1）人类若干体表性状中，是否存在性别间的差异？

（2）一些人类体表性状是否存在相关性？如扣手与交叉臂、交叉臂与惯用手、扣手与惯用手等。

【参考文献】

[1]　丁显平. 人类遗传与优生［M］. 北京：人民军医出版社，2005.
[2]　卢龙斗，常重杰. 遗传学实验技术［M］. 北京：科学出版社，2007.
[3]　乔守怡. 遗传学分析实验教程［M］. 北京：高等教育出版社，2008.

附　　录

附录 A　实验室常用染色液的配制

1. 醋酸洋红染液

取 45mL 冰醋酸，加入 55mL 蒸馏水，加热至沸，移走火源，徐徐加入 2g 洋红粉末，再加热至沸 1～2min，冷却后加入 2% 铁明矾（$FeSO_4 \cdot 7H_2O$）水溶液数滴，直至颜色为暗红色不发生沉淀为止。过滤后贮存于棕色瓶中。

2. 醋酸地衣红染液

配法同醋酸洋红，加入地衣红，但不必加铁明矾。

3. 丙酸-乳酸-地衣红染液

取丙酸和乳酸各 50mL，混合后加热至沸，加入 2g 地衣红，冷却过滤即为原液，用时稀释为 45% 的染液。

4. 醋酸大丽紫染液

取 30mL 冰醋酸，加入 70mL 蒸馏水，加热至沸，加入 0.75g 大丽紫，搅动，冷却过滤，贮存于棕色瓶中。

5. 醋酸-铁矾-苏木精染液

（1）配方 I

A 液：称取苏木精 1g，加入 50% 冰醋酸或丙酸 100mL。

B 液：称取铁矾 0.5g，加入 50% 醋酸或丙酸 100mL。

以上两液可长期保存，用前等量混合，每 100mL 混合液中加入 4g 水合三氯乙醛，充分溶解，摇匀，存放 1d 后使用。该混合液只能存放一个月，两周内使用效果最好，故不宜多配。

（2）配方 II

A 液：称取铵明矾 $AlNH_4(SO_4)_2 \cdot 12H_2O$ 0.1g、铬明矾 $CrK(SO_4)_2 \cdot 12H_2O$ 0.1g、碘 0.1g，加 3mL 95% 乙醇。

B 液：浓盐酸（相对密度 1.19）3mL。

C 液：称苏木精 2g，加入 50mL 45% 冰醋酸，待苏木精完全溶解后，加入 0.5g 铁明矾 $FeSO_4 \cdot 7H_2O$。存放 1d 后方可使用，染色力可保持 4 周，一次不要多配。

以上三种溶液染色时混合使用。

（3）配方Ⅲ

称苏木精 0.5g，溶解于 100mL 45％冰醋酸中，用前取 3～5mL，用 45％冰醋酸稀释 1～2 倍，加入铁明矾饱和溶液（铁明矾溶于 45％冰醋酸中）1～2 滴，溶液即由棕黄变紫色，立即使用，不能保存。

6. 铁明矾染液

称 4g 铁明矾，溶于 100mL 蒸馏水中，过滤后备用。现用现配。

7. 苏木精染液

称苏木精 0.5g，放入 95％酒精 10mL 中另其溶解，再加入蒸馏水 90mL（也可配成 2％苏木精母液，用时稀释）。经 1～2 个月后方可使用，瓶口盖以纱布数层或塞一棉塞以保持通气。如果急用可在溶液中加 0.1g 碘酸钠，溶解后即可使用。

8. 席夫试剂及漂洗液

（1）席夫试剂

将 100mL 蒸馏水加热至沸，移去火源，加入 0.5g 碱性品红，再继续煮沸 5min，并随时搅拌，冷却到 50℃时过滤，置入棕色瓶中，加 10mL 1mol/L 盐酸，待冷至 25℃时加入 1g 偏重亚硫酸钠（钾）$Na_2S_2O_5$，同时震荡一下，盖紧，放暗处 12～24h。次日取出呈淡黄色，加入 0.5 中性活性炭，剧烈震荡 1min，过滤后即可。如果次日取出为无色透明液体，可直接使用，不必加活性炭。

此液必须保存在冰箱中或阴凉处，并且外包黑纸，以防长期露在空气中加速氧化而变色。如不变色可继续使用，如变为淡红色可再加少许偏重亚硫酸钠，转为无色可使用，出现白色沉淀不可再使用。

（2）漂洗液

量取 5mL 1mol/L 盐酸、5mL 10％偏重亚硫酸钠（钾）、100mL 蒸馏水。现用现配。

9. 改良苯酚（卡宝）品红染液

（1）母液 A：100mL 70％乙醇加 3g 碱性品红（可长期保存）。

（2）母液 B：取 5％苯酚水溶液 90mL，加入 10mL 母液 A（此液限于两周内使用）。

（3）苯酚（卡宝）品红染液：取 45mL 母液 B，加入 6mL 37％的甲醛。

（4）改良苯酚（卡宝）品红：取 2～10mL 苯酚（卡宝）染液，加 90～98mL 45％醋酸和 1.8g 山梨醇，在室温下保存 2 周后再使用。

10. Giemsa 染液

取 0.5g Giemsa 粉末，加 33mL 纯甘油，在研钵中研细，放在 56℃恒温水浴中保温 90min。再加入 33mL 的甲醇，充分搅拌，用滤纸过滤，于棕色细口瓶中保存，作为原液。用时以磷酸缓冲液稀释。

附录 B　实验室常用溶液的配制

1. 各种百分比浓度的酒精和酸的配制

所需浓度％＝V_1＋V_2

V_1（原液所需量）＝稀释后浓度×100

V_2（加水量）＝（原液浓度－稀释后浓度）×100

例：用95％乙醇配制70％乙醇。

取95％乙醇70mL（即 V_1＝70％×100），加入蒸馏水至95mL，即得70％乙醇。各种百分比浓度的酸的配制方法同上，配制时应该注意将浓酸慢慢加入水中。

2. 用固体配制百分比浓度溶液

(1) 体积百分比浓度溶液

100mL溶液中含有固体质量的克数为固体的体积百分比浓度，即质量浓度。

例：配制1％秋水仙素。

称取1g秋水仙素，加蒸馏水至100mL即可。

(2) 质量百分比浓度溶液

100g溶液中含有溶质的克数叫做质量百分比浓度，即质量分数。

即：质量百分比浓度＝溶质质量(g)／［溶质质量(g)＋溶剂质量(g)］×100％

溶质质量＝溶液质量百分比浓度×溶液质量

溶剂质量＝溶液质量－溶质质量

(3) 摩尔浓度溶液的配制

1L溶液中含有溶质的物质的量（mol）称为摩尔浓度，即物质的量浓度：

摩尔浓度(mol/L)＝溶质的物质的量(mol)/溶液的体积(L)

① 用固体配制

所需固体的质量(g)＝物质的量浓度 · V · m

式中，溶液的物质的量浓度单位为mol/L，V 为溶液的体积，m 为固体的摩尔质量（数值上等于固体的相对分子质量）。

例：配制0.02mol/L 8-羟基喹啉溶液100mL。

取8-羟基喹啉质量 $0.02 \times (100 \div 1000) \times 145.16 = 0.2903$(g)用水溶液后，加水定容，至100mL。

② 用液体配制

所需液体的质量(g)＝物质的量浓度 · V · m/P

所需液体的体积＝物质的量浓度 · V · $m/(P \cdot d)$

式中，溶液的物质的量浓度单位为mol/L，V 为所要配制的溶液的体积（L），

m 为液体试剂中溶质的摩尔质量（数值上等于溶质的相对分子质量）；P 为液体试剂的质量百分比浓度；d 为液体试剂的密度（g/mL）。

例：用 95% 浓硫酸（$d=1.83$g/mL）配制 2mol/L 硫酸 250mL（硫酸摩尔质量为 98g/mol）。

称取浓硫酸的质量 $=2\times(250\div1000)\times98/95\%=51.58$（g）

量取浓硫酸的体积 $=[2\times(250\div1000)\times98/95\%]\div1.83=28.2$（mL）

将浓硫酸在不断搅拌下缓慢倒入适量水中，冷却后再用水稀释至 250mL 即得 2mol/L 硫酸溶液。

3. 实验常用试剂的配制

（1）1mol/L HCl 和 3.5mol/L HCl

取密度为 1.19g/mL 的浓盐酸 82.5mL，加蒸馏水定容，至 1000mL，即 1mol/L HCl。

取密度为 1.19g/mL 的浓盐酸 288.8mL，加蒸馏水定容，至 1000mL，即 3.5mol/L HCl。

（2）0.4% KCl 和 0.075mol/L KCl

称取 4g KCl，溶于蒸馏水中，定容，至 1000mL，即 0.4% KCl。

称取 11.18g KCl，定容于 1000mL 重蒸水中，得到 1.5mol/L KCl 原液。用前稀释 20 倍，即，量取原液，加重蒸水至 100mL，即得 0.075mol/L KCl。

（3）5% $NaHCO_3$

称取 5g $NaHCO_3$，加重蒸水至 100mL。

（4）0.85% 生理盐水

称取 0.85g NaCl，加重蒸水至 100mL。

（5）45% 醋酸

量取 45mL 冰醋酸，加蒸馏水定容，至 100mL。

（6）秋水仙素溶液

称取 1g 秋水仙素粉末，溶于少量无水乙醇中，加蒸馏水定容至 100mL，配成 1% 秋水仙素母液。各种浓度的秋水仙素液分别用母液加蒸馏水稀释即可。

（7）漂洗液

量取 200mL 蒸馏水于试剂瓶中，加入 100mL 1mol/L HCl 和 1g 偏重亚硫酸钠（钾）。此液用时临时配制，溶液失去 SO_2 味即不能使用。

（8）1/15mol/L 磷酸缓冲液

A 液：1/15mol/L KH_2PO_4　称取 KH_2PO_4 9.078g，加重蒸水，定容，至 1000mL。

B 液：1/15mol/L Na_2HPO_4　称取 $Na_2HPO_4 \cdot 2H_2O$ 11.876g 或 $Na_2HPO_4 \cdot$

$12H_2O$ 23.86g，加重蒸水定容，至1000mL。

pH 7.38 的 1/15mol/L 磷酸缓冲液：取 A 液 20mL；B 液 80mL，混合后即可。

各种 pH 值的 1/15mol/L 磷酸缓冲液的配制如下表。

pH 值	1/15mol/L KH₂PO₄/mL	1/15mol/L Na₂HPO₄/mL	pH 值	1/15mol/L KH₂PO₄/mL	1/15mol/L Na₂HPO₄/mL
4.94	9.90	0.10	6.89	4.00	6.00
5.29	9.75	0.25	7.17	3.00	7.00
5.95	9.50	0.50	7.38	2.00	8.00
5.91	9.00	1.00	7.73	1.00	9.00
6.24	8.00	2.00	8.04	0.50	9.50
6.47	7.00	3.00	8.34	0.25	9.75
6.64	6.00	4.00	8.67	0.10	9.90
6.81	5.00	5.00	9.18	0.00	10.00

（9）0.2mol/L 磷酸缓冲液

A 液：称取 $Na_2HPO_4 \cdot 2H_2O$ 36.61g 或 $Na_2HPO_4 \cdot 12H_2O$ 71.64g，加重蒸水定容至 1000mL。

B 液：0.2mol/L NaH_2PO_4　称取 $NaH_2PO_4 \cdot H_2O$ 27.6g 或 $NaH_2PO_4 \cdot 2H_2O$ 31.21g，加重蒸水定容至 1000mL。

0.2mol/L 磷酸缓冲液（各种 pH 值）配方如下表。

pH 值	0.2mol/L Na₂HPO₄/mL	0.2mol/L NaH₂PO₄/mL	pH 值	0.2mol/L Na₂HPO₄/mL	0.2mol/L NaH₂PO₄/mL
5.8	8.0	92.0	7.0	61.0	39.0
6.0	12.3	87.7	7.2	72.0	28.2
6.2	18.5	81.5	7.4	81.0	19.0
6.4	26.5	73.5	7.6	87.0	13.0
6.6	37.5	62.5	7.8	91.5	8.5
6.8	49.0	51.0	8.0	94.5	5.5

（10）2×SSC 溶液

0.3mol/L NaCl 和 0.03mol/L 柠檬酸钠：称取 17.54g NaCl 和 8.82g 柠檬酸钠。用重蒸水溶解后定容，至 1000mL。

（11）BrdU 溶液

称取 BrdU 2mg，在无菌条件下，装入无菌青霉素药品中，加入无菌生理盐水，用黑纸包好避光于 4℃冰箱中保存。现用现配。

500μmol/L BrdU 溶液：取 BrdU 15.4mg，加重蒸水 100mL，装入棕色瓶中，包黑纸避光，4℃冰箱中保存。

附录 C 实验室常用培养基的配制

1. Ampicillin（氨苄青霉素）（100mg/mL）

组分浓度：100mg/mL Ampicillin。

配制量：50mL。

配制方法：① 称量 5g Ampicillin 置于 50mL 离心管中；

② 加入 40mL 灭菌水，充分混合溶解后，定容至 50mL；

③ 用 0.22μm 过滤膜过滤除菌；

④ 小份分装（1mL/份）后，－20℃保存。

2. IPTG（异丙基-β-D-硫代半乳糖苷）（24mg/mL）

组分浓度：24mg/mL IPTG。

配制量：50mL。

配制方法：① 称 1.2g IPTG 置于 50mL 离心管中；

② 加入 40mL 灭菌水，充分混合溶解后，定容至 50mL；

③ 用 022μm 过滤膜过滤除菌；

④ 小份分装（1mL，份）后，－20℃保存。

3. X-Gal（20mg/mL）

组分浓度：20mg/mL X-Gal。

配制量：50mL。

配制方法：① 称量 1g X-Gal 置于 50mL 离心管中；

② 加入 40mL DMF（二甲基甲酰胺），充分混合溶解后，定容至 50mL；

③ 小份分装（1mL/份）后，－20℃避光保存。

4. LB 培养基

组分浓度：1％（质量体积分数）Tryptone（胰蛋白胨），0.5％（质量体积分数）Yeast Extract（酵母提取物），1％（质量体积分数）NaCl。

配制量：1L。

配制方法：① 称取下列试剂，置于 1L 烧杯中；

Tryptone	10g	NaCl	10g
Yeast Extract	5g		

② 加入约 800mL 的去离子水，充分搅拌溶解；

③ 滴加 5N NaOH（约 0.2mL），调节 pH 值至 7.0；

④ 加去离子水将培养基定容至 1L；

⑤ 高温高压灭菌后，4℃保存。

5. LB/Amp 培养基

组分浓度：

1%（质量体积分数）	Tryptone	1%（质量体积分数）	NaCl
0.5%（质量体积分数）	Yeast Extract	0.1mg/mL	Ampicillin

配制量：1L。

配制方法：①称取下列试剂，置于1L烧杯中；

Tryptone	10g	NaCl	10g
Yeast Extract	5g		

② 加入约 800mL 的去离子水，充分搅拌溶解；

③ 滴加 5mol/L NaOH（约 0.2mL），调节 pH 值至 7.0；

④ 加去离子水将培养基定容至 1L；

⑤ 高温高压灭菌后，冷却至室温；

⑥ 加入 1mL Ampicillin（100mg/mL）后均匀混合；

⑦ 4℃保存。

6. TB 培养基

组分浓度：

1.2%（质量体积分数）	Tryptone	17mmol/L	KH₂PO₄
2.4%（质量体积分数）	Yeast Extract	72mmol/L	K₂HPO₄
0.4%（体积分数）	Glycerol		

配制量：1L。

配制方法：① 配制磷酸盐缓冲液（0.17mol/L KH₂PO₄，0.72mol/L K₂HPO₄）100mL，溶解 2.31g KH₂PO₄ 和 12.54g K₂HPO₄ 于 90mL 的去离子水中，搅拌溶解后，加去离子水定容至 100mL，高温高压灭菌；

② 称取下列试剂，置于 1L 烧杯中；

Tryptone	12g	Glycerol	4m
Yeast Extract	24g		

③ 加入约 800mL 的去离子水，充分搅拌溶解；

④ 加去离子水将培养基定容至 1L 后，高温高压灭菌；

⑤ 待溶液冷却至 60℃以下时，加入 100mL 的上述灭菌磷酸盐缓冲液；

⑥ 4℃保存。

7. TB/Amp 培养基

组分浓度：

1.2%（质量体积分数）	Tryptone	17mmol/L	KH_2PO_4
2.4%（质量体积分数）	Yeast Extract	72mmol/L	K_2HPO_4
0.4%（体积分数）	Glycerol	0.1mg/mL	Ampicillin

配制量：1L。

配制方法：① 配制磷酸盐缓冲液（0.17mol/L KH_2PO_4，0.72mol/L K_2HPO_4）100mL，溶解 2.31g KH_2PO_4，和 12.54g K_2HPO_4 于 90mL 的去离子水中，搅拌溶解后，加去离子水定容至 100mL，高温高压灭菌；

② 称取下列试剂，置于 1L 烧杯中；

Tryptone	12g	Glycerol	4mL
Yeast Extract	24g		

③ 加入约 800mL 的去离子水，充分搅拌溶解；

④ 加去离子水将培养基定容至 1L 后，高温高压灭菌；

⑤ 待溶液冷却至 60℃ 以下时，加入 100mL 的上述灭菌磷酸盐缓冲液；

⑥ 均匀混合后 4℃ 保存。

8. SOB 培养基

组分浓度：

2%（质量体积分数）	Tryptone	2.5mmol/L	KCl
0.5%（质量体积分数）	Yeast Extract	10mmol/L	$MgCl_2$
0.05%（质量体积分数）	NaCl		

配制量：1L。

配制方法：① 配制 250mmol/L KCl 溶液，在 90mL 的去离子水中溶解 1.86g KCl 后，定容至 100mL；② 配制 2mol/L $MgCl_2$ 溶液，在 90mL 去离子水中溶解 19g $MgCl_2$ 后，定容至 100mL，高温高压灭菌；

③ 称取下列试剂，置于 1L 烧杯中；

Tryptone	20g	NaCl	0.5g
Yeast Extract	5g		

④ 加入约 800mL 的去离子水，充分搅拌溶解；

⑤ 量取 10mL 250mmol/L KCl 溶液，加入到烧杯中；

⑥ 滴加 5mol/L NaOH 溶液（约 0.2mL），调节 pH 值至 7.0；

⑦ 加入去离子水将培养基定容至 1L；

⑧ 高温高压灭菌后，4℃ 保存；

⑨ 使用前加入 5mL 灭菌的 2mol/L $MgCl_2$ 溶液。

9. SOC 培养基

组分浓度：

2%（质量体积分数）	Tryptone	2.5mmol/L	KCl
0.5%（质量体积分数）	Yeast Extract	10mmol/L	MgCl₂
0.05%（质量体积分数）	NaCl	20mmol/L	Glucose

配制量：100mL。

配制方法：①配制 1mol/L Glucose 溶液，将 18g Glucose 溶于 90mL 去离子水中，充分溶解后定容至 100mL。用 0.22μm 滤膜过滤除菌；② 向 100mL SOB 培养基中加入除菌的 1mol/L Glucose 溶液 2mL，均匀混合；

③ 4℃保存。

10. 2×YT 培养基

组分浓度：1.6%（质量体积分数）Tryptone，1%（质量体积分数）Yeast Extract，0.5%（质量体积分数）NaCl。

配制量：1L。

配制方法：① 称取下列试剂，置于 1L 烧杯中；

Tryptone	16g	NaCl	5g
Yeast Extract	10g		

② 加入约 800mL 的去离子水，充分搅拌溶解；

③ 滴加 5mol/L NaOH，调节 pH 值至 7.0；

④ 加去离子水将培养基定容至 1 L；

⑤ 高温高压灭菌后，4℃保存。

11. NZCYM 培养基

组分浓度：

0.5%（质量体积分数）	Yeast Extract	0.5%（质量体积分数）	NaCl
0.1%（质量体积分数）	Casamino Acid(酪蛋白氨基酸)	0.2%（质量体积分数）	MgSO₄·7H₂O
1%（质量体积分数）	NZ 胺		

配制量：1L。

配制方法：①称取下列试剂，置于 1L 烧杯中；

Yeast Extract	5g	NaCl	5g
Casamino Acid	1g	MgSO₄·7H₂O	2g
NZ 胺	10g		

② 加入约 800mL 的去离子水，充分搅拌溶解；

③ 滴加 5mol/L NaOH（约 0.2ml），调节 pH 值至 7.0；

④ 加去离子水将培养基定容至 1L；

⑤ 高温高压灭菌后，4℃保存。

12. NZYM 培养基

组分浓度：

0.5%（质量体积分数）	Yeast Extract	0.1%（质量体积分数）	NaCl
1%（质量体积分数）	NZ 胺	0.2%（质量体积分数）	$MgSO_4 \cdot 7H_2O$

配制方法：NZYM 培养基除不含 Casamino Acid 外，其他成分与 NZCYM 培养基相同。

13. NZM 培养基

组分浓度：

1%（质量体积分数）	NZ 胺	0.2%（质量体积分数）	$MgSO_4 \cdot 7H_2O$
0.1%（质量体积分数）	NaCl		

配制方法：NZM 培养基除不含 Yeast Extract（酵母提取物）外，其他成分与 NZYM 培养基相同。

14. 一般固体培养基的配制

配制方法：① 按照液体培养基配方准备好液体培养基，在高温高压灭菌前，加入下列试剂中的一种；

Agar(琼脂；铺制平板用)	15g/L	Agarose(琼脂糖；铺制平板用)	15g/L
Agar(琼脂；配制顶层琼脂用)	7g/L	Agarose(琼脂糖；配制顶层琼脂用)	7g/L

② 高温高压灭菌后，戴上手套取出培养基，摇动容器使琼脂或琼脂糖充分混匀（此时培养基温度很高，小心烫伤）；

③ 待培养基冷却至 50～60℃时，加入热不稳定物质（如抗生素等），摇动容器充分混匀；

④ 铺制平板（30～35mL 培养基/90mm 培养皿）。

15. LB/Amp/X-Gal/LPTG 平板培养基

组分浓度：

1%（质量体积分数）	Tryptone	0.024mg/mL	IPTG
0.5%（质量体积分数）	Yeast Extract	0.04mg/mL	X-GaL
1%（质量体积分数）	NaCl	1.5%（质量体积分数）	Agar
0.1mg/mL	Ampicillin		

配制量：1L。

配制方法：① 称取下列试剂，置于 1L 烧杯中；

Tryptone	10g	NaCl	10g
Yeast Extract	5g		

② 加入约 800mL 的去离子水，充分搅拌溶解；

③ 滴加 5mol/L NaOH（约 0.2mL），调节 pH 值至 7.0；

④ 加去离子水将培养基定容至 1L 后，加入 15g Agar；

⑤ 高温高压灭菌后，冷却至 60℃左右；

⑥ 加入 1mL Ampicillin（100mg/mL）、1mL IPTG（24mg/mL）、2mL X-Gal（20mg/mL）后均匀混合；

⑦ 铺制平板（30~35mL 培养基/90mm 培养皿）；

⑧ 4℃ 避光保存。

16. TB/Amp/X-Gal/LPTG 平板培养基

组分浓度：

1.2%（质量体积分数）	Tryptone	0.1 mg/mL	Ampicillin
2.4%（质量体积分数）	Yeast Extract	0.024 mg/mL	IPTG
0.4%（体积分数）	Glycerol	0.04mg/mL	X-GaL
17mmol/L	KH_2PO_4	1.5%（质量体积分数）	Agar
72mmol/L	K_2HPO_4		

配制量：1L。

配制方法：① 配制磷酸盐缓冲液（0.17mol/L KH_2PO_4，0.72mol/L K_2HPO_4）100mL，溶解 2.31g KH_2PO_4 和 12.54g K_2HPO_4 于 90mL 的去离子水中，搅拌溶解后，加去离子水定容至 100mL，高温高压灭菌；

② 称取下列试剂，置于 1L 烧杯中；

Tryptone	12g	Glycerol	4mL
Yeast Extract	24g		

③ 加入约 800mL 的去离子水，充分搅拌溶解；

④ 加去离子水将培养基定容至 1L 后，加入 15g Agar；

⑤ 高温高压灭菌后，冷却至 60℃左右；

⑥ 加入 100mL 的上述灭菌磷酸盐缓冲液、1mL Ampicillin（100mg/mL）、1mL IPTG（24mg/mL）、2mL X-Gal（20mg/mL）后均匀混合；

⑦ 铺制平板（30~35mL 培养基/90mm 培养皿）；

⑧ 4℃ 避光保存。

17. 几种常用植物基本培养基配方

成　分	植物基本培养成分用量/(mg/L)			
	MS	Miller	N6	B5
大量元素				
$(NH_4)_2SO_4$	—	—	463	134
KNO_3	1900	1000	2830	2500
NH_4NO_3	1650	1000		
$MgSO_4 \cdot 7H_2O$	370	35	185	250
KH_2PO_4	170	400	400	
KCl	—	65	—	—
$Ca(NO_3)_2 \cdot 4H_2O$		347		
$CaCl_2 \cdot 2H_2O$	440		166	150
$NaH_2PO_4 \cdot H_2O$	—	—		150
微量元素				
$MnSO_4 \cdot 4H_2O$	22.3	4.4	3.3	10
$ZnSO_4 \cdot 7H_2O$	8.6	1.5	1.5	2.0
H_3BO_3	6.2	1.6	1.6	3.0
KI	0.83	0.8	0.8	0.75
$Na_2MoO_4 \cdot 2H_2O$	0.25	—	—	0.25
$CuSO_4 \cdot 5H_2O$	0.025	—	—	0.025
$CoCl_2 \cdot 6H_2O$	0.025	—	—	0.025
铁盐				
$FeSO_4 \cdot 7H_2O$	27.8	—	27.8	27.8
Na_2EDTA	37.3	—	37.3	37.3
NaFeEDTA	—	32	—	—
有机物质				
甘氨酸	2.0	2.0	—	—
盐酸硫胺素	0.1	0.1	1.0	10.0
盐酸吡哆醇	0.5	0.1	0.5	1.0
烟酸	0.5	0.5	0.5	1.0
肌醇	100	—	—	100
蔗糖/(mg/L)	30	30	50	50
pH 值	5.8	6.0	5.8	5.8

附录 D　核酸电泳相关试剂及缓冲液的配制

1. 50×TAE Buffer（pH8.5）

组分浓度：2mol/L Tris-醋酸，100mmol/L EDTA

配制量：1L。

配制方法：①称量下列试剂，置于1L烧杯中；

Tris	242g	$Na_2EDTA \cdot 2H_2O$	37.2g

② 向烧杯中加入约 800mL 的去离子水，充分搅拌溶解；

③ 加入 57.1mL 的乙酸，充分搅拌；

④ 加去离子水将溶液定容至 1L 后，室温保存。

2. 10×TBE Buffer （pH8.3）

组分浓度：890mmol/L Tris-硼酸，20mmol/L EDTA。

配制量：1L。

配制方法：①称量下列试剂，置于 1L 烧杯中；

Tris	108g	硼酸	55g
Na$_2$EDTA · 2H$_2$O	7.44g		

② 向烧杯中加入约 800mL 的去离子水，充分搅拌溶解；

③ 加去离子水将溶液定容至 1L 后，室温保存。

3. 10×MOPS （3-吗啉基丙磺酸） Buffer

组分浓度：200mmol/L MOPS，20mmol/L NaOAc，10mmol/L EDTA。

配制量：1L。

配制方法： ① 称 41.8g MOPS，置于 1L 烧杯中；

② 加约 700mL DEPC 处理水，搅拌溶解；

③ 使用 2mol/L NaOH 调节 pH 值至 7.0；

④ 再向溶液中加入下列试剂；

1mol/L NaOAc(DEPC 处理)	20mL	0.5mol/L EDTA(pH8.0)(DEPC 处理)	20mL

⑤ 用 DEPC 处理水将溶液定容至 1L；

⑥ 用 0.45/μm 滤膜过滤除去杂质；

⑦ 室温避光保存。

注：溶液见光或高温灭菌后会变黄。变黄时也可使用，但变黑时不要使用。

4. 溴乙啶 （10mg/mL）

组分浓度：10mg/mL 溴乙啶。

配制量：100mL。

配制方法： ① 称量 1g 溴乙啶，加入到 100mL 容器中；

② 加入去离子水 100mL，充分搅拌数小时完全溶解溴乙啶；

③ 将溶液转移至棕色瓶中，室温避光保存；

④ 溴乙啶的工作浓度为 0.5g/mL。

注：溴乙啶是一种致癌物质，必须小心操作。

5. Agarose 凝胶

配制方法如下。

① 配制适量的电泳及制胶用的缓冲液（通常是 0.5×TBE 或 1×TAE）。

② 根据制胶量及凝胶浓度，准确称量琼脂糖粉，加入适当的锥形瓶中。

③ 加入一定量的电泳缓冲液（总液体量不宜超过锥形瓶的 50％容量）。

注：用于电泳的缓冲液和用于制胶的缓冲液必须统一。

④ 在锥形瓶的瓶封上保鲜膜，并在膜上扎些小孔，然后在微波炉中加热熔化琼脂糖。加热过程中，当溶液沸腾后，请戴上防热手套。小心摇动锥形瓶。使琼脂糖充分均匀熔化。此操作重复数次，直至琼脂糖完全熔化。必须注意，在微波炉中加热时间不宜过长，每次当溶液起泡沸腾时停止加热，否则会引起溶液过热暴沸，造成琼脂糖凝胶浓度不准，也会损坏微波炉。熔化琼脂糖时，必须保证琼脂糖充分完全熔化，否则，会造成电泳图像模糊不清。

⑤ 使溶液冷却至 60℃左右，如需要可在此时加入溴乙啶溶液（终浓度 0.5μg/mL）。并充分混匀。

注：溴乙啶是一种致癌物质。使用含有溴乙啶的溶液时，请戴好手套。

⑥ 将琼脂糖溶液倒入制胶模中，然后在适当位置处插上梳子。凝胶厚度一般在 3～5mm 之间。

⑦ 在室温下使胶凝固（大约 30min～1h），然后放置于电泳槽中进行电泳。

注：凝胶不立即使用时，请用保鲜膜将凝胶包好后在 4℃下保存，一般可保存 2～5d。

琼脂糖凝胶浓度与线形 DNA 的最佳分辨范围

琼脂糖浓度	最佳线形 DNA 分辨范围/bp	琼脂糖浓度	最佳线形 DNA 分辨范围/bp
0.5％	1000～30000	1.2％	400～7000
0.7％	800～12000	1.5％	200～3000
1.0％	500～10000	2.0％	50～2000

6. 6×Loading Buffer（DNA 电泳用）

组分浓度：

30mmol/L	EDTA	0.05％（质量体积分数）	Xylene Cyanol FF
36％（体积分数）	Glycerol	0.05％（质量体积分数）	Bromophenol Blue

配制量：500mL。

配制方法：① 称量下列试剂，置于 500mL 烧杯中；

EDTA	4.4g	Xylene Cyanol FF	250mg
Bromophenol Blue	250mg		

② 向烧杯中加入约 200mL 的去离子水后，加热搅拌充分溶解；

③ 加入 180mL 的甘油（Glycerol）后，使用 2mol/L NaOH 调节 pH 值至 7.0；

④ 用去离子水定容至 500mL 后，室温保存。

7. 10×Loading Buffer（RNA 电泳用）

组分浓度：

| 10mmol/L | EDTA | 0.25%（质量体积分数） | Xylene Cyanol FF |
| 50%（体积分数） | Glycerol | 0.25%（质量体积分数） | Bromophenol Blue |

配制量：10mL。

配制方法：① 称量下列试剂，置于10mL离心管中；

| 0.5 M EDTA(pH8.0) | 200μL | Xylene Cyanol FF | 25mg |
| Bromophenol Blue | 25mg | | |

② 向离心管中加入约4mL的DEPC处理水后，充分搅拌溶解；

③ 加入5mL的甘油（Glycerol）后，充分混匀；

④ 用DEPC处理水定容至10mL后，室温保存。

附录E χ^2 值分布表

自由度	概率值（P）				
	0.99	0.95	0.05	0.01	0.001
1	0.000157	0.00393	3.841	6.635	10.83
2	0.0201	0.103	5.991	9.210	13.82
3	0.115	0.352	7.815	11.34	16.24
4	0.297	0.711	9.488	13.28	18.47
5	0.554	1.145	11.07	15.09	20.51
6	0.872	1.653	12.59	16.81	22.46
7	1.239	2.167	14.07	18.48	24.32
8	1.646	2.733	15.51	20.09	26.13
9	2.088	3.325	16.92	21.67	27.88
10	2.558	3.940	18.31	23.21	29.59
11	3.053	4.575	19.68	24.72	31.26
12	3.571	5.226	21.03	26.22	32.91
13	4.107	5.892	22.36	27.69	34.53
14	4.660	6.571	23.68	29.14	36.12
15	5.229	7.261	25.00	30.58	37.70
16	5.812	7.962	26.30	32.00	39.25
17	6.408	8.672	27.59	33.41	40.79
18	7.015	9.390	28.87	34.81	42.31
19	7.633	10.12	30.14	36.19	43.82
20	8.260	10.85	31.41	37.57	45.31
21	8.897	11.59	32.67	38.93	46.80
22	9.542	12.34	33.92	40.29	48.27
23	10.20	13.09	35.17	41.64	49.73
24	10.86	13.85	36.42	42.98	51.18
25	11.52	14.61	37.65	44.31	52.62
26	12.20	25.38	38.89	45.64	54.05
27	12.88	16.15	40.11	46.96	55.48
28	13.56	16.93	41.36	48.28	56.89
29	14.26	17.71	42.56	49.59	58.30
30	14.65	18.49	43.77	50.89	59.70

注：本表可用于频数分析和差异显著性检验。表中的数值，除自由度与概率值外均为χ^2值。

附录 F　典型实验记录设计

孟德尔分离定律的验证

班级：　　　　实验者：　　　　日期：

果蝇单因子的杂交试验

$$正交\underline{\qquad}（♀）×\underline{\qquad}（♂）$$
$$反交\underline{\qquad}（♀）×\underline{\qquad}（♂）$$

预期效果

检查果蝇的连锁基因图：在本次杂交实验中，所选性状的基因\underline{\qquad}位于第\underline{\qquad}染色体上，这些染色体是常/性染色体\underline{\qquad}。

$$F_1的基因型\underline{\qquad}，表型\underline{\qquad}；$$

正交　F_2的基因型\underline{\qquad}，表型\underline{\qquad}；

　　　F_3群体中几种表型个体的比例\underline{\qquad}。

　　　F_1的基因型\underline{\qquad}，表型\underline{\qquad}；

反交　F_2的基因型\underline{\qquad}，表型\underline{\qquad}；

　　　F_3群体中几种表型个体的比例\underline{\qquad}。

正反交的结果间是否有差异？

实验记录

1. 收集处女蝇时间\underline{\qquad}。

2. 亲本接种时间\underline{\qquad}。清除的时间\underline{\qquad}。

3. F1 表型

项目	正交	反交
观察的数目		
表　　型		

正反交的表型间有无差异：\underline{\qquad\qquad}。

F_1群体大小有无差异，可能的原因是什么：\underline{\qquad\qquad}。

记录日期　　　年　　月　　日

4. F_1雌雄蝇接入 1 个新培养瓶的时间\underline{\qquad}。

5. 清除培养瓶中 F_1 成蝇的培养时间\underline{\qquad}。

6. F_2 中不同表型个体的统计。

个人（小组）的统计

项目	正交		反交	
表　型				
数　目				
比　例				

正反交的结果间是否有差异：＿＿＿＿＿。

记录日期　　　　年　　月　　日

整个班级结果的统计

项目	正交		反交	
表　型				
第一组				
第二组				
第三组				
第四组				
合　　计				
两种表型间的比例				

正反交的结果间是否有差异：＿＿＿＿＿。

由此推断，所选择的基因是位于性染色体上还是位于常染色体上？

χ^2 检验：将 F_2 相同表型的正反交结果合并起来，作为一个观察值，进行 χ^2 检验。

项目	野生型(正、反交合并)	突变型(正、反交合并)	总计
实验观察数(O)			
预期数(E)			
偏差($O-E$)			
$(O-E)^2/E$			

自由度：$df = n - 1$

χ^2：$\sum (O-E)^2/E =$

查 χ^2 值分布表，进行差异显著水平检验，确定假说的有效性。

结论：观察值与期望值之间的差异：＿＿＿＿＿＿（不显著、显著、极显著）。

实验结果：＿＿＿＿＿（符合、不符合）3∶1 的分离比。

孟德尔自由组合定律的验证

班级：　　　　　实验者：　　　　　日期：

果蝇双因子的杂交试验

正交_____（♀）×_____（♂）

反交_____（♀）×_____（♂）

预期效果

　　检查果蝇的连锁基因图：在本次杂交实验中，所选性状的基因_____位于第_____染色体上，另一性状的基因_____位于第_____染色体上，这些染色体是常/性染色体_____、_____。

正交

　　F_1的基因型_____，表型_____；

　　F_2的基因型_____，表型_____；

　　F_3群体中几种表型个体的比例_____。

反交

　　F_1的基因型_____，表型_____；

　　F_2的基因型_____，表型_____；

　　F_3群体中几种表型个体的比例_____。

正反交的结果间是否有差异？

实验记录

1. 收集处女蝇时间_____。

2. 亲本接种时间_____。清除的时间_____。

3. F_1 表型

项目	正交	反交
观察的数目		
表　　型		

正反交的表型间有无差异：_____。

F_1 群体大小有无差异，可能的原因是什么：_____。

记录日期　　　年　　月　　日

4. F_1 雌雄蝇接入 1 个新培养瓶的时间_____。

5. 清除培养瓶中 F_1 成蝇的培养时间_____。

6. F_2 中不同表型个体的统计

	正交	反交

...间是否有差异：_____。

记录日期　　　年　　月　　日

整个班级结果的统计

项目	正交		反交	
表　型				
第一组				
第二组				
第三组				
第四组				
合　计				
两种表型间的比例				

正反交的结果间是否有差异：_____。

由此推断，所选择的基因是位于性染色体上还是位于常染色体上？

χ^2 检验：将 F_2 相同表型的正反交结果合并起来，作为一个观察值，进行 χ^2 检验。

项目	野生型(正、反交合并)	突变型(正、反交合并)	总计
实验观察数(O)			
预期数(E)			
偏差($O-E$)			
$(O-E)^2/E$			

自由度：$df = n-1$

χ^2：$\sum (O-E)^2/E =$

查 χ^2 值分布表，进行差异显著水平检验，确定假说的有效性。

结论：观察值与期望值之间的差异：_____（不显著、显著、极显著）。

实验结果：_____（符合、不符合）9：3：3：1 的分离比。